ACTUALIZACIÓN EN TRASPLANTE HEPÁTICO: MANEJO PRÁCTICO PRE Y POS-TRASPLANTE

ACTUALIZACIÓN EN TRASPLANTE HEPÁTICO: MANEJO PRÁCTICO PRE Y POS-TRASPLANTE

Fernando Manuel Jiménez Macías

Médico adjunto Aparato Digestivo

Hospital Universitario Virgen del Rocío
(Sevilla)

Lulu.com
2017

Título original: Actualización en trasplante hepático: manejo práctico pre y post-trasplante

First Printing: Octubre 2017

ISBN: 978-0-244-03987-5

Lulu.com
Sevilla, Andalucia, España (Spain)

ferjimenez2@gmail.com

Dedicatoria

A todos aquellos que me apoyaron

y me animaron a llegar a ser lo que soy.

A mi mujer, que me dio los dos hijos

tan lindos que tengo

y llenarme de ilusión cada día.

A mis queridos padres, a los que estaré eternamente

agradecido y les debo todo lo que hoy en día soy.

Índice

Agradecimientos

Quiero agradecer, en especial a mi familia, por haberme permitido dedicar el tiempo empleado para realizar esta obra, privándoles de muchos momentos, que sé me echaron de menos, con objeto de llevar a cabo esta obra.

Me siento muy orgulloso de tenerlos a mi lado, sin olvidar a todos aquellos compañeros médicos que tuve en los diferentes centros médicos y hospitalarios, donde he ejercido mi labor asistencial.

Por supuesto, a todos aquellos pacientes afectados por su enfermedad hepática, que tuve el orgullo de manejar en las consultas de Hepatología y de Digestivo durante los 15 años de experiencia profesional que me avalan y en los que he basado mi experiencia como hepatólogo para desarrollar esta obra, que es pero os siga de utilidad.

Prefacio

Es para mí un orgullo personal haber elaborado esta obra completa sobre el manejo pretrasplante y post-trasplante hepático, con un interés claro de ayudar a diferentes compañeros de otras especialidades a conocer el manejo diagnóstico y terapéutico de los pacientes que van a ser candidatos a un trasplante hepático, y sobre todo para darles a conocer el manejo multidisciplinario complejo, que precisan los pacientes y sus familias, que finalmente llegan a precisar de un trasplante hepático.

Los hospitales andaluces han podido realizar 919 trasplantes de órganos, 105 más que en el año 2016, lo que supone un aumento del 13%. Concretamente, se han hecho 603 de riñón (47 de donantes vivos, y de ellos 2 de donantes cruzados), 223 de hígado (2 de donante vivo), 35 de corazón, 43 de pulmón y 15 de páncreas. La comunidad andaluza ha superado la tasa española de donantes por millón de población (p.m.p). Esta tasa era en el año 1991, fecha de puesta en marcha de la Coordinación Autonómica de Trasplantes, de 13,4 p.m.p. En 2017, se ha situado en 49.3 p.m.p., más de 2 puntos por encima del conjunto de España. Desde que el 12 de abril de 1978 se hiciera el primer trasplante en Andalucía, se han realizado un total de 16.678 trasplantes, de los cuales 10.694 han sido renales, 4.024 hepáticos, 1.113 de corazón, 554 de pulmón y 393 trasplantes de páncreas.

He intentado hacer un abordaje completo, de las diferentes fases por la que pasa un paciente que debuta con insuficiencia hepática aguda o crónica, y que para sobrevivir, necesita someterse a esta técnica quirúrgica, en la que existen muchos aspectos que he querido daros a conocer, dentro de una claridad y metodología óptima tanto para médicos de familia y especialistas en Aparato Digestivo, que se encuentran alejados en su práctica clínica habitual del manejo multidisciplinario de los pacientes que llegan a un trasplante hepático. Por eso, espero que haya sido de utilidad su lectura, con objeto de si en alguna ocasión teneis que manejar un paciente sometido a trasplante hepático, tengais una guía de actuación resumida.

Dr. Fernando M. Jiménez Macías

Introducción

El manejo de un paciente que tiene una insuficiencia hepática severa es complejo para un médico especialista en Medicina General, incluso para un especialista en Aparato Digestivo que no se encuentra integrado en una Unidad Monográfica de Hepatología, dado que se trata de un enfermo complejo, que pone a prueba a cualquier especialista.

Lo principal es hacer una correcto estudio diagnóstico de la etiologia del paciente para ofertarle el tratamiento correspondiente, que pueda evitar tener que terminar en un trasplante hepático, tal es el caso de la hepatitis crónica por virus de la hepatitis C o alcohol, en los que un tratamiento a tiempo, puede evitar la necesidad de esta indicación. En otras ocasiones, pese a hacer un diagnóstico correcto, el paciente puede evolucionando progresivamente a un deterioro de su función hepática, que lo lleve inexorablemente a la indicación de un trasplante hepático, siempre y cuando consiga superar todos los handicaps que surge en el estudio pretrasplante de una patología como ésta, y en caso de superarlo, que el tiempo que tenga que estar en lista de espera pretrasplante, consiga llegar vivo a él, sin haberse quedado por el camino.

Esta obra intenta poner al día a cualquier especialista de Aparato Digestivo, y sobre todo, médicos de familia, que deseen tener unas mínimas bases para poder afrontar cualquier situación con los pacientes que están evolucionando en su consulta a una insuficiencia hepática progresiva dentro de su hepatopatía de base, que ya conocía, que conozca todos los entresijos de lo que es el estudio pretrasplante y el manejo básico de la monitorización en consulta de estos pacientes, y conocer el manejo de los fármacos inmunosupresores, posibles complicaciones quirúrgicas, infecciosas, posible rechazo y actitud que debe tomar ante ellas, al menos conocerlas, para que no le supere la situación. Intentaré darte a conocer los planteamientos diagnosticos y terapéuticos que es recomendable tener en cuenta en la cirrosis hepática descompensadas, su scores de función hepática, los efectos secundarios relacionados con los fármacos inmunosupresores, su monitorización y la quimioprofilaxis antibiótica a que suelen estar sometidos estos pacientes.

Espero que sea una obra que te enganche y tengas siempre a mano cuando vayas a hacer guardias de presencia física de Digestivo, en urgencias o seas un médico de familia que te llega un paciente trasplantado, con el que te puedes desembolver sin problemas y tú a tú con tu paciente.

Dr. Fernando M. Jiménez Macías

Capítulo 1: Legislación española sobre la donación y el trasplante de órganos

El trasplante de órganos sólidos, en nuestro caso, centrándonos en el trasplante hepático es una terapéutica totalmente consolidada y eficaz en el tratamiento de los estadios funcionales terminales hepáticos. Sin el trasplante, como única terapia potencial posible, la muerte en estos paciente terminará llegando inexorablemente en un corto espacio de tiempo.

Actualmente hemos obtenido una experiencia sólida en el manejo quirúrgico, el uso de inmunosupresores, lo que nos ha permitido avanzar de forma muy significativa en el manejo de estos pacientes. A paesar de ellos, la demanda de órganos para trasplante supera con creces a la oferta que disponemos, pese a las campañas de concienciación que se hacen para que haya conciencia por parte de la población para donar órganos cuando un ser querido fallece y sus órganos pueden ser empleados para un trasplante.

Las tasas de mortalidad en lista de espera para un hígado varían dependiendo el país en el que nos encontremos, pudiendo oscilar entre un 15-30%, lo que implica que habrá pacientes que terminarán falleciendo esperando un hígado. Esto se debe a la esca sez de órganos para trasplante como principal handicap para que este porcentaje de paciente fallecidos en lista de espera sea el menor posible.

La primera Ley que aparece en España que regulará las normas que se deberán establecer es la Ley 30/1979 de 27 de Octubre sobre la extracción y el trasplante de órganos y tejidos. Posteriormente aparece el Real Decreto de 1980. En estas leyes se establecen una serie de principios básicos que deberán cumplir los procedimientos médico relacionados con la donación y recepción de trasplante hepático y otros órganos. Son los principios de gratuidad, legitimidad, confidencialidad y coordinación. Antes de proceder a la extracción de órganos se comprabará, empleando los medios técnicos objetivamente validados que se ha producido la muerte del donante, estableciéndose una serie de requisitos estrictos que permitan certificar la muerte del mismo. Dicho certificado de defunción deberá ser firmado por 3 facultativos que no deben formar parte del equipo de extracción o trasplante, uno de los cuales deberá ser neurólogo o neurocirujano. Se deberá solicitar siempre la autorización a la familia del posible donante. En algunos casos será necesaria la autorización judicial si el potencial donante hubie ra fallecido por causas por las que se instruye sumario. También en esta ley se regula los requisitosque deben cumplir el donante vivo y el receptor.

La Organización Nacional de Trasplante (ONT) se crea en la Resolución del 27 de Junio del 1980, pero no es hasta 1989 cuando se dota a esta organización de estructura física y personal adecuada, cuyo cometido era la obtención de órganos para trasplantes basado en una red de coordinación a tres niveles (nacional, regional y local). Ésta se comporta como una gencia de servicios sin atribuciones de gestión directa y sin competencias ejecutivas directas. Se trata de una organización institucional a nivel nacional que permitía la armonización e integración de todos los esfuerzos realizados a nivel local, lo que ha llevado a los resultados tan brillantes obtenidos durante las últimas décadas, siendo una organización admirada en muchos países. A partir del 2009 se han sucedido varios reales decretos que la regulan, en especial el Real Decreto 318/2016 y el Real Decreto-Ley 9/2014, que regulan las normas de calidad y seguridad para la donación.

Las funciones de la ONT son diversas: la coordinación extrahospitalaria de extracción de órganos, actualización y mantenimiento de la lista de espera para trasplante de hígado, coordinación de transporte aéreo o terrestre de equipos de trasplante y órganos para el trasplante, cooperación en el transporte de enfermos, canalización de informes de pacientes para evaluación pretrasplante, elaborar informes técnicos relacionado directamente con los trasplantes de órganos solicitado por la autoridades sanitarias competentes, recogida de datos sobre la actividad extractora y trasplantadora (publicaciones), evaluación de requerimientos sanitarios (legales, humanos y materiales), difusión de la actividad trasplantadora a las diferentes administraciones sanitarias, a los coordinadores de trasplantes, profesionales del trasplante, Organizaciones europeas y americanas del trasplante, asociaciones de enfermos, así como medios de comunicación. También llevará a cabo campañas de sensibilización social, emisión de tarjetas de donantes, información telefónica durante las 24 horas del dia sobre cualquier duda acerca la donación y los trasplantes, así como participación en cursos de formación continuada y de post-grado, así como de congresos nacionales e internacionales relacionados con el trasplante hepático.

En nuestro país, cada comunidad autónoma tiene una representante en la Comisión Permanente de Trasplante de Órganos y Tejidos del Consejo Interterritorial del Sistema Nacional de Salud. En este organismo se consensuan las directrices nacionales y que deberán cumplir los representantes de cada autonomía. Sus principios son velar por la transparencia del sistema. A nivel regional existe un Comité de Conflictos y el Comité de Trasparencia, que hacen posible el debate y la elaboración de informes periódicos, que intentarán resolver todas las incidencias y medidas correctivas que surgan de ellas. Existirá, por tanto, im coordinador autonómico de trasplante, que acutará como nexo de unión entre diferentes estamentos sanitarios y no sanitarios relacionados con el trasplante.

En todo hospital debe existir un coordinador hospitalario de trasplante hepático, que es responsable directo de la detección de potenciales donantes, que garantice una conversión a donantes reales. Su misión es la obtener el mayor número de donantes reales y el aprovechamiento del máximo número de órganos y tejidos en todo el territorio nacional, de forma que si un potencial donante fallece, por ejemplo, por un accidente vascular cerebral o un accidente de tráfico, se intentará no solo que éste done un determinado órgano como es el hígado, sino que se puedan llegar a donar sus córneas, riñones, corazón, pulmones, etc., que se ofertarán a potenciales receptores en la geografía nacional o internacional.

Los coordinadores hospitalarios son responsables desde la detección del donante potencial hasta la extracción de los órganos. Depende directamente del director médico del hospital y participa en los comités de decisiones relativas a los trasplantes., compaginando sus tareas asistenciales con las del trasplante)generalmente intesivista o nefrólogo).

El proceso de donación/trasplante tiene que estar muy bien coordinado, ya que en él participan gran número de profesionales sanitarios y que consta de diferentes fases, que podríamos resumir en las siguientes: detección del donante potencial, evaluación del donante, confirmación de la muerte cerebral, mantemiento de las constantes vitales del donante, consentimiento familiar, consentimiento judicial o legal, extraccion de órganos y tejidos y trasplante hepático, que sería nuestro cometido final.

Definimos donante potencial a todo paresona diagnosticada de muerte encefálica, una vez descartadas la contraindicaciones médicas que implican un riesgo para el receptor. No todas las personas que fallecen pueden ser donantes de órganos. Normalmente es necesario que el exitus se produzca en un hospital, con objeto de conseguir el mejor mantenimiento respiratorio y hemodinámico de forma artificial del potencial donante, para evitar el deterioro del trasplante. El porcentaje de muertes encefálicas que tiene lugar en una UCI que terminan en trasplante está en torno a 30-50%, generalmente por existir contraindicación para la donación, negativa familiar o judicial, o bien por problemas de mantenimiento del cadáver en condiciones óptimas.

Es fundamental evaluar que el donante potencial no tenga contraindicaciones para serlo. Para ello, es imprescindible que se haga una valoración exhaustiva clínica, analítica, microbiológica y serológica que permita descartar patología que contraindique el trasplante, y por tanto, un riesgo potencial para el receptor. Será fundamental hacer una historia médica y social del donante para descartar patologías o factores de riesgo, detectando posibles contraindicaciones absolutas para la donación de órganos. . En todo esto tendrá un papel clave el coordinador de trasplantes.

Debe confirmarse la muerte cerebral para que sea posible la extracción del hígado mediante la realización de una exploración neurológica completa, que debe estar avalada con la presencia de un electroencefalograma de media hora de duración, y que entre ellos haya trascurrido un intervalo mínimo de 6 horas. El certificado de defunción deberá haber sido firmado por 3 médicos, entre los que deberá haber un neurólogo o neurocirujano, y un responsable de la unidad médica correspondiente. Ninguno de ellos podrá formar parte del equipo de extracción de órganos.

Mientras que se evalua el potencial donante (realización de una segunda exploración neurológica y electroencefalograma, permiso judicial, consentimiento familiar y organizar la logística de extracción es imprescindible mantener la viabilidad de los órganos. El donante suele tener una inestabilidad cardiocirculatoria, debido precisamente a la muerte cerebral sufrida. Por ello, el objetivo es mantener una presión arterial de oxígeno (PaO_2 mayor de 100 mm Hg, una tensión arterial sistólica mayor de 100 mm Hg, un FVM menor de 100 latidos por minuto, así como una diuresis mayor de 1 centímetro cúbico por kilogramo de peso y hora.

En España, por Ley, toda persona que fallezca sin haber dejado oposición expresa a la donación es considerada donante de órganos. Sin embargo, siempre se suele solicitar el consentimiento informado a la familia para que se autorice la donación de órganos. El porcentaje de negativas familiares oscila entre un 20-50%. En España, más del 90% de la población general tiene una opinión favorable frente a la donación, sin embargo, si los deseos del fallecido son desconocidos, solamente el 50% de la población donaría los órganos de un familiar fallecido. La causas más frecuentes de negativas familiares son: negativa expresa del fallecido, problemas con los profesionales del hospital y oposición directa familiar a la donación. También puede ser por ausencia de información de los deseos del fallecido, motivos sociales y religiosos y falta de información apropiada a la familia. Sí es verdad, que una primera negativa familiar a la donación,e n algunos casos puede revertirse.

Más del 85% de la familias de los donantes piensan que la donación da algún sentido al fallecimiento, más del 90% volverían a donar, y más del 80% piensan que la donación ayuda a la familia. Entre las familias que no donaron, más del 30% han cambiado de opinión un año más tarde. Es importante que la entrevista familiar sea realizada por personal con experiencia en este tema y plenamente convencido de la efectividad de todo el proceso de donanción-trasplante.

El Real Decreto 426/1980, de 22 de Febrero, por el que se desarrolla la Ley sobre Extracción y Trasplante de Órganos, en su artículo 11 apartado 4, exige la autorización del Juez en los casos judiciales en que este intervenga, y siempre que no obstaculice la posible instrucción del sumario (consentimiento legal).

Una vez realizada todas las comprobaciones y autorizaciones pertinentes, el coordinador hospitalario de trasplante debe programar, con los diferentes equipos quirúrgicos, la extracción de órganos que se hayan donado y sean considerados válidos. A nivel extrahospitalario debe existir una oficina de coordinación que asegure la correcta distribución de los órganos. En España, Organización Nacional de Trasplante (ONT) es la responsable directa de garantizar la transparencia en esta linea.

Una vez detectado el donante y confirmada, mediante la primera exploración clínica y el primer electroencefalograma, la muerte cerebral, incluso antes de contar con la autorización familiar, el equipo de coordinación hospitalario se pone en contacto con la oficina central de la ONT para notificar la existencia de un donante potencial. Suele se una carrera contra el reloj, por la inestabilidad hemodinámica del donante.

La ONT tiene actualizada la lista de espera de los trasplantes hepáticos, tanto de los electivos como de las urgencias 0. En función de los criterios de distribución, consensuados previamente con todos los equipos de trasplante, se adjudica el órgano a trasplantar. La ONT y las diferentes oficinas de coordinación autonómica, colaboran, junto a los equipos de coordinación hospitalaria, en la planificación de la extracción, coordinando los desplazamientos de los diferentes equipos.

Este sistema de coordinación y logística en la obtención y extracción de órganos ha tenido como consecuencia un notable incremento en el número de donantes reales y trasplantes de órganos sólidos en España. Ello ha colocado a nuestro país entre los primeros en donantes y trasplantes por millón de población. La causa de muerte de los donantes muestra un predominio de los ac

cidentes cerebro-vasculares frente a los traumatismos craneoence-
fálicos. La edad media de los donantes se ha ido incrementando
progresivamente, lo que explica este cambio.

F.M. Jiménez

Capítulo 2: Indicaciones del trasplante hepático en cirrosis hepática. Contraindicaciones

El trasplante hepático constituye el tratamiento de elección en aquellos pacientes con hepatopatías agudas o crónicas que generan una insuficiencia hepática severa progresiva, que se impone cuando se han agotado otras alternativas terapéuticas y cuando la esperanza de vida estimada al año sea inferior a la que se prevea con el trasplante.

Sin embargo, hay que tener en cuenta que existe una desproporción entre el elevado número de candidatos potenciales a ser trasplantado a ser trasplantados y el relativamente escaso número de donantes de órganos, por lo que el número de pacientes en lista de espera tiende a incrementarse, con el consiguiente incremento de la mortalidad en lista de espera. Esta desproporción persiste, a pesar de los esfuerzos por incrementar el número de donantes de órganos mediante la aceptación de donantes subóptimos y la utilización de técnicas quirúrgicas especiales como donantes vivo o técnica de split-liver, o bien con la aplicación de medidas terapéuticas encaminadas a reducir, o al menos retrasar, la necesidad del trasplante, realizando resecciones o quimioembolizaciones de tumores hepáticos o colocación de TIPS en pacientes con manifestaciones severas de hipertensión portal.

Hay 3 aspectos a contemplar para la selección de posibles candidatos a trasplante hepático: la enfermedad etiológica hepática, el momento adecuado para realizar el trasplante y las posibles contraindicaciones de la misma.

El trasplante hepático está indicaco en cualquier enfermedad hepatobiliar progresiva, mortal y sin tratamiento alternativo eficaz, así como en trastornos metabólicos hepáticos que afectan a otros órganos de forma sistémica (hiperoxaluria primaria tipo I o polineuropatía amiloidótica familiar).

Existen 2 modelos pronósticos para evaluar la supervivencia de los pacientes: MELD (Model for End-Stage Liver Disease) y la clasificación de Child-Pugh. El modelo más empleado en España es éste último, por su facilidad para determinar. Una puntuación de Child-Pugh mayor de 7 (estadios B y C de Child-pUgh), o bien, un índice de MELD mayor de 15, son candidatos para un trasplante hepático, ya que los que tiene estadio A de Child-Pugh tendrían, a priori, una supervivencia en torno al 90%. Aunque está aceptados estos criterios para la indicación de trasplante hepático (TOH), también puede existir indicación de TOH, independientemente del grado de insufi ciencia hepática, como es el caso de un prurito intratable o el desarrollo de complicaciones evolutivas, tales como la ascitis, la encefalopatía, la hemorragia digestiva variceal refractaria a otros tratamiento, síndrome hepatorrenal, peritonitis bacteriana espontánea (PBE) o el desarrollo de un hepatocarcinoma, que son situaciones que reducen la supervivencia y la calidad de vida de estos pacientes de forma severa.

En los pacientes que desarrollan ascitis refractaria al tratamiento diurético (tasa mortalidad anual del 50%), excrección de sodio en orina menor a 2 miliequivalentes al dia, hiponatremia menor de 133 miliequivalentes por litro, que conllevan mal pronóstico de evolución de esta cirrosis.

Los pacientes que sufran un episodios recidivante de encefalopatia hepática refractaria a tratamiento médico (lactitol o lactulosa asociada a Rifaximina), especialmente cuando se asocia a insuficiencia renal o hiponatremia, tienen una clara indicación de TOH.

Aquellos que presenten episodios recurrentes de hemorragia digestiva alta variceal refractaria a los tratamientos farmacológico con betabloqueantes, endoscópico con ligadura de varices o bucrilato, o prótesis portal intrahepática por vía transyugular (TIPS) o quirúrgico (derivación porto-sistémica), tras un control del episodio agudo también tendrán la indicación de TOH.

La mayoría de las indicaciones se engloban en uno de estos 5 grupos: colestasis crónica no congénicas (cirrosis biliar primaria y colangitis esclerosante primaria), que constituyen el 5% de las indicaciones, las cirrosis de naturaleza no biliar (por virus hepatitis B y C, alcohólica, autoinmune, hemocromatosis, enfermedad de Wilson, deficit de alfa-1antitripsina, síndrome de Budd-Chiari, esteatohepatitis no alcohólica, deficit de la lipasa ácida lisosomal, etc), insuficiencia hepática aguda, enfermedades congénitas o metabólicas. De todas ellas, la cirrosis es la indicación de trasplante hepático más frecuente en nuestro país. El 75% de los trasplante hepáticos realizados anualmente tiene lugar en portadores de una cirrosis hepática.

La colangitis biliar primaria (anteriormente conocida como cirrosis biliar primaria o CBP) es una enfermedad que afecta habitualmente a mujeres de edad media, generalmente asociados a positividad de anticuerpo anti-mitocondriales, aunque también pueden ser positivos a los anticuerpo antinucleares. La biopsia hepática muestra una colangitis crónica destructiva no supurativa, que va progresando en algunos casos de una fibrosis portal a una cirrosis. Inicialmente se encuentran asintomáticas, pero conforme progresa la enfermedad comienzan con prurito, icterica, malabsorción de vitaminas liposolubles y calcio, con signos de insuficiencia hepatocelular progresiva o hipertensión portal (ascitis, varices esofágicas y encefalopatía hepática). Suelen ser tratadas con acido ursodesoxicólico a dosis de 10-12 mg/kg/dia, pero su empleo no previene su evolución progresiva. Todo paciente con CBP debe ser evaluado por una Unidad de pretrasplante hepático (preTOH) cuando alcanza un nivel de bilirrubina total mayor de 6 mg/dl, presencia de prurito intratratable, astenia invalidante u osteopenia grave. Estos paciente con enfermedad colostásica es conveniente que reciban tratamiento con calcio+vitamina D o si se confirma osteopenia/osteoporosis bifosfonatos en la densitometria osea. La tasa de recurrencia de la CBP post-trasplante se encuentra en torno al 35% a los 10 años con escasa repercusión para el paciente.

La supervivencia post-trasplante en la CBP es magnífica, en torno al 80 % a los 5 años. Disponemos de modelos de predicción de evolución de enfermedad hepática, que están validados por la comunidad científica, pero que son escasamente empleados en práctica clínica. Se emplea el modelo de la Clínica Mayo, cuya ecuación consiste en la 0,871 x logaritmo de la bilirrubina sérica en miligramos/decílitro − 2,53 x logaritmo de la albúmina sérica en gramos por decílitro + 0,039 x edad en años + 2,38 x logaritmo del tiempo de protrombina en segundos + 0,859 x grado de edemas (0 si no tiene edemas y no precisa diuréticos; 0,5 si presenta edemas controlados con diuréticos y 1 si el paciente presenta edemas, pese al empleo de diuréticos).

La colangitis esclerosante primaria (CEP) se produce por inflamación y posterior fibrosis de los conductos biliares, particulamente los de calbre grueso y mediano, pudiéndose afectar también los interlobares, pudiendo evoluciar a cirrosis biliar si evoluciona el proceso. Su etilogia no se conoce. Puede estar asociada a enfermedad inflamatoria intestinal, especialmente colitis ulcerosa con elevación en muchas ocasiones de positividad de los anticuerpo antinucleares (ANCA positivos). Es típica la presencia en una colangio-resonancia magnética (colangio-RMN) de estenosis y dilataciones segmentarias múltiples con arrosaramiento de la vía biliar.

Puede ir evolucionando el proceso y gener prurito en el paciente o episodios de colangitis recidivante piogéna con episodios de colestasis ictérica. Tienen indicación de TOH cuando estos episodios sépticos se repiten, presencia de osteodistrofia o malnutrición. Esta entidad puede terminar degenerando en un colangiocarcinoma segmentario, que en ocasiones es de dificil diagnóstico y como se trata de un tumor con elevado riesgo de recidiva post-trasplante, generalmente estos pacientes se les contraindica el TOH. También estos pacientes tienen un riesgo aumentado del desarrollo de cáncer de colon, especialmente si tiene una enfermedad inflamatoria intestinal, por lo que antes del TOH, deberían someterse a colonoscopia. Suele emplearse tratamiento con ácido ursodesoxicólico a dosis de 15 mg/kg/dia, pero no evita la historia natural de esta entidad y las complicaciones estenóticas suelen tratarse con colangiografia retrógrado endoscópica (CPRE) con dilataciones o stent biliares segmentarios.

Cuando la insuficiencia hepática es progresiva e irreversible o el paciente tiene epidosis de colangitis piógena de repetición, puede indicarse un trasplante hepático. La tasa de recurrencia de la CEP en el injerto se encuentra en torno al 50% a los 5 años. También disponemos de un modelo que predice la evolución en la CEP, que al igual que la CBP, es poco empleado en práctica clinica, pero que te facilito para que lo conozcas: 0,535 x logaritmo de la bilirrubina sérica en miligramos por decílitro + 0,486 x estadio histológico (1 si estadio 1 y 2; 2 si estadio 3 y 4 si estadio 4 + 0,041 x edad en años + 0,705 x (0 si no presenta esplenomegalia y 1 si la presenta). Los principales factores que cnfiren mal pronóstico a los pacientes con CEP son la edad avanzada, presencia de esplenomegalia, colestasis intensa, estadio histológico avanzado y anemia.

Entre la cirrosis no biliares podemos incluir las de origen viral (virus hepatitis B y C), las alcohólicas y otras etiologias que a continuación comentaremos.

La cirrosis hepática viral más frecuente en nuestro medio es por infección por virus de la hepatitis C (VHC), segudio de la hepatitis crónica por virus hepatitis B (VHB). La cirrosis hepática por VHC es la indicación más frecuente en España (30-40%). La incidencia anual de hepatocarcinoma (CHC) en estos pacientes varía entre 1-4%. Antes en pacientes con cirrosis hepática descompensada por VHC, en la época terapéutica del interferón con tasas de curación menores al 50%, muchos de estos pacientes terminaban trasplantandose o fallecían en lista de espera. Hoy enn día con la introducción de las nuevas combinaciones de antivirales de acción directa (AAD), con tasas de curación superiores al 90% en muchos casos, hemos conseguido cambiar la historia natural de estos pacientes y evitar la fase de recurrencia viral universal en el injerto, que tenían tras ser trasplantados con todas sus complicaciones, que cuando ocurría en el paciente trasplantado el riesgo de progresión cirrosis del injerto era del 25% a los 5 años del post-trasplante.

En nuestro medio la cirrosis alcohólica ocupa el segundo lugar en orden de frecuencia. Ésta tiene un matiz diferenciador, que la abstinencia de alcohol es capaz de detener la progresión de la cirrosis en una proporción notable de pacientes alcohólicos, por lo que esta medida terapéutica debe siempre intentarse en todo paciente con esta hepatopatía.

Clasicamente, se ha acordado que el TOH está indicado en toda cirrosis alcohólica en estadio avanzado con función hepática que no mejora tras un periodo mínimo de abstinencia de 6 meses. Las tasas de supervivencia en estos pacientes son muy buenas, siempre que el paciente no vuelva a consumir, rodándo el 70% a los 5 años. Es fundamental el apoyo familiar que tenga el paciente, siendo malos candidatos, aquellos cirróticos alcohólicos que viven sólo, con problemas psiquiatrícos asociados y con morbilidad asociada como pancreatitis crónica o miocardiopatía alcoholica, donde la adherencia al tratamiento post-trasplante y riesgo de recaer en la bebida serían significativos.

Los resultados en pacientes con hepatitis alcohólica aguda grave, sin cirrosis establecida, son peores que en el caso anterior, ya que no permite generalmente hacer un estudio pretrasplante exhaustivo y la morbimortalidad post-trasplante en estos pacientes por sepsis y fallo multiórgánico es significativamente mayor.

La cirrosis hepática por VHB constituye el 10% de las indicación es de TOH. La recidiva del injerto sin tratamiento antiviral que negativice la viremia es prácticamente universal y más grave que en el VHC. El objetivo es negativizar la carga viral del VHB con el empleo de antivirales como Tenofovir o Entecavir, ya que en un importante porcentaje de casos la función hepática puede mejorar y evitar la necesidad de emplear un TOH para estos pacientes. Tras el TOH, es fundamental el empleo profiláctico de gammaglobulina hiperinmune antihepatitis B (GHAB), que reduce el riesgo de recidiva a un 20%, mejorando los resultados de protección si la asociamos a antivirales (análogos de nucleósidos/nucleótidos), pasando a un riesgo de sólo un 5%. El tratamiento de estos pacientes se complementa, además del tratamiento antiviral con Lamivudina, Entecavir o Tenofovir con la administración de gammaglobulina hiperinmune anti-VHB, con objetivo de mantener unos niveles de antiHBs mayores de 300 UI/ml (si estuviera recibiendo esteroides) y de 100 UI/ml en caso de no recibirlos. De esta forma, se consigue que el número de recidivas sea inferior al 30%. Durante la fase anhepatica se administrarán 5 viales de GGHI por via intravenosa (10000 Unidades). Durante la primera semana post-trasplante el paciente recibirá 2 viales diarios de GHAB (5000 U intravenosas) diarias. Durante las semanas 2, 3 y 4 del 1º mes recibirán 2 viales semanales (5000 UI) intravenosas. Desde el 2° al 6° mes recibirán cada 15 días 2000 UI intramusculares, y a partir del 6° mes lo recibirán a dosis de 1000 U mensuales intramuscularmente.

La cirrosis por hepatitis crónica autoinmune (HAI) constituye sólo el 2% de las indicaciones para TOH. Esto se debe a que muchas de ellas no evolucionan a grados avanzados de insuficiencia hepática, gracias a tratamiento inmunosupresor como azatioprina (Imurel 50 mg/dia) o Micofenolato (1 gramo cada 12 horas) asociado o no a dosis bajas de esteroides (generalmente prednisona 5-10 mg/dia) en los pacientes más refractarios. En pacientes con cirrosis hepática por HAI candidatos a TOH, no debemos emplear la Budesonida, que solamente estaría indicado en aquellos paciente no cirróticos (fibroscan F0-F3).

Por tanto, sólo se indicará el TOH en aquellos pacientes que no responden a estos tratamiento o no toleran estos fármacos (diabeticos descompensados, intolerancia a la azatioprina o efectos hematológicos relacionados con ella), o bien al desarrollo de descompensaciones hepáticas por enfermedad hepática avanzada irreversible con mala calidad de vida. Las tasas de supervivencia en estos pacientes post-TOH son magníficas en torno al 90% a los 10 años, sin embargo, hay que destacar que tienen una alta tasas de recurrencia de su enfermedad de base en el injerto bastante alta (en torno al 50% a los 5 años).

Otra de las indicaciones de TOH puede surgir a raíz de una insuficiencia hepática aguda grave (IHAG), que afortunadamente es una entidad infrecuente y que corresponde al 3% de las indicaciones y que se produce cuando el paciente desarrolla encefalopatia hepática progresiva y coagulopatía grave (INR menor de 50%) en un periodo inferior a 3 meses desde el inicio de los sintomas. La etiologia es viral o tóxica generalmente y tiene una mortalidad si no se trasplanta al paciente muy alta, en torno al al 80% (edema cerebral, sepsis o hipoglucemia). Son empleadas en la Unidad de Cuidados Intensivos, que son donde se deben ingresar estos pacientes 2 escalas distintas, que son las que van a establecer la indicación de TOH (King's College Hospital o la de Clichy).

Existen 2 etiologias metabólicas que pueden precisar de un TOH. Se trata de enfermedades de depósito de metales (hierro en el caso de hemocromatosis y el cobre en la enfermedad de Wilson). En el caso de la primera, existe un riesgo mayor de hepatocarcinoma, que puede estar injertado en el higado y puede tener riesgo de miocardiopatia secundaria al depósito de hierro, lo que conlleva que los resultados en TOH en pacientes con hemocromatosis sean algo inferiores a las de otras etiologias. Generalmente estos pacien tes, pese a ser sometidos al TOH, deben continuar en el post-trasplante con flebotomías. Algo más infrecuente son los pacientes con enfermedad de Wilson, que generalmente pueden evitar el TOH con tratamiento con D-penicilamina y Wilzin. Estos paciente en ocasiones debutan con una IHAG como debut de su enfermedad o bien por abandono voluntario de la medicación que realizaban. La indicación de TOH se produce generalmente por insuficiencia hepática o hemorragias digestivas variceales de mal control o desarrollo de hepatocarcinoma. Las manifestaciones neurológicas no se toman en consideración para indicar un TOH, ya que éstas aunque pueden mejorar tras su realización, no lo garantizan.

Otras indicaciones del trasplante hepático pueden ser entidades mas infrecuentes tales como atresia de vías biliares, enfermedad de Caroli, enfermedad veno-oclusiva, fibrosis hepática congénita, síndrome de Reye, protoporfiria, Hiperlipoproteinemia Homocigótica del tipo II, Tirosinemia, Síndrome de Cligger-Najjar tipo I, deficiencias enzimáticas en el ciclo de la Urea, aciduria orgánica, hemofilia, galactosemia, colestasis Familiar, síndrome de Sanfilippo,

Los tumores hepáticos constituyen también un porcentaje importante de las indicaciones de TOH, que suele estar en un 20%. El hepatocarcinoma es el tumor más frecuentemente trasplantado

(15% de las indicaciones), siendo el VHC el que se lleva la mayor tasa. Se aceptan los criterios de Milan: se podrán trasplantar sólo aquellos hepatocarcinomas únicos menor o igual a 5 centímetros de diámetro, o bien aquellos con un máximo de 3 hepatocarcinomas síncronos con un diámetro igual o inferior a 3 centímetros, independientemente del estadio de función hepática que tengan. Quedarán excluidos aquellos que tengan alguna contraindicación absoluta quirúrgica, anestésica, invasión vascular macroscópica (trombosis tumoral portal asociada o no a trombosis tumoral mesentérica proximal), o multicentricidad del tumor que exceda los criterios de Milán. Si estos criterios se cumplen, la supervivencia media de ese pacientes trasplantado estará en torno a un 75%.

Existen unos criterios de priorización de estos pacientes en lista de espera, por lo que el riesgo de recurrencia neoplásica o que se salga de los criterios de Milán durante su espera es posible. En caso de que el tiempo posible en lista de espera exceda los 6 meses, se puede plantear tratamientos preoperatorios como quimioembolización hepática o resección quirúrgica segmentaria. Otros tumores como colangiocarcinoma no tiene indicación de TOH, salvo que hablemos de ensayos clinicos.

Aquellos pacientes con síndrome de Budd-Chiari (trombosis de venas suprahepáticas) pueden tener indicación de TOH cuando es agudo con IHAG o evolución a cirrosis hepática descompensada sin respuesta a tratamiento con TIPS o de repermeabilización quirúrgica (trombectomia).

Tienen indicación de TOH, independientemente de la función hepática que tenga, los sujetos afectos de una polineuropatia amiloidótica familiar o enfermedad de Corino-Andrade, que es una enfermedad autosómica dominante producida por la presencia de una transtirretina mutada, que genera el deposito patológico de amiloide, y que puede ser fatal por manifestaciones graves neurológicas o cardiacas o insuficiencia hepática.

Existe otra entidad rara como la Hiperoxaluria primaria, que puede precisar de un trasplante mixto (hepático y renal), que se transmite de forma autosómica recesiva, por depósito de oxalato de forma sistémica. También existe otra entidad que puede tener indicación de trasplante mixto renal y hepático, como es la poliquistosis hepatorrenal cuando se asocia a insuficiencia hepática progresiva. Generalmente los quistes pueden ser alcoholizados tras su extracción cuando son compresivos, y puede realizarse esta terapéutica mientras el paciente tenga buena función hepática.

Los pacientes que están infectados por el VIH, siempre que no se encuentra en fase SIDA, pueden beneficiarse de un TOH. Generalmente se trata de pacientes coinfectados (el 30% son VHC y el 10% VHB). Con la terapia antirretroviral de gran actividad (TARGA) y la aparición de los nuevos antivirales para el VHB (Tenofovir que tiene efectos antivirales sobre VIH además y Entecavir) desde hace 7 años, así como las combinaciones antivirales orales para el VHC (AAD) desde hace 2,5 años, la historia natural de estos pacientes está cambiando, reduciéndose las necesidad de esta terapéutica, mejorando su expectativa de vida. No obstante, en caso de precisarlo es necesario que la infección VIH esté controlada con viremia negativa y niveles de CD4 mayor de 200, y en caso de presencia de signos de hipertensión portal (varices esofágogástricas, esplenomegalia o ascitis), el nivel de CD4 debe ser de al menos 100.

En algunos casos, bien por rechazo del TOH o recidiva de la enfermedad de base del paciente trasplantado, será preciso sentar las bases de indicación de un retrasplante hepático, sin embargo, los resultados son claramente inferiores (supervivencia de tan solo un 50-60%) comparado cuando se trasplantan por primera vez (superviviencia mejores del 80-90%).

Hecho este avance de las etiologias más frecuentes, tenemos que hacer mención de que es muy importante establecer la indicación en el momento adecuado, ni demasiado precoz, cuando el paciente tiene un cierto grado de reversibilidad del deterioro de su enfermedad hepática, ni demasiado tarde, cuando ya las complicaciones relacionadas con la insuficiencia hepatocelular son tan severas que lo más probable es que pueda fallecer en lista de espera o lo asedien las posibles complicaciones infecciosas o no pueda ya tolerar un evento quirúrgico tan complejo como es un trasplante hepático.

Dado que la cirrosis es una enfermedad progresiva, los pacientes cirróticos pueden hallarse en fases evolutivas muy distintas. Habrá, por tanto, pacientes con cirrosis que pueden necesitar un trasplante hepático por que la enfermedad está avanzada y su pronóstico es malo y otros pacientes en los que aún no se requiera esta terapéutica por presentar una cirrosis en fase inicial en la que el pronóstico no malo a corto o medio plazo.

El TOH está indicado cuando la supervivencia esperable tras un eventual trasplante hepático sea claramente superior a la superviviencia esperable si éste no se realizara y el paciente reci biera tratamiento convencional. La supervivencia esperable en la mayoría de pacientes cirróticos que reciban un TOH es por lo menos del 75% al año, 65% a los 3 años y del 60% a los 5 años. Si la supervivencia esperable es inferior a estos porcentajes sin un TOH, éste deberá ser indicado.

El pronóstico de los pacientes cirróticos con ascitis con presencia de determinados parámetros se asocia a una supervivencia inferior al 50% a los 3 años: ascitis refractaria al tratamiento habitual, insuficiencia renal funcional, hiponatremia y excrección baja de sodio y agua, peritonitis bacteriana espontánea (PBE), hipotensión arterial, , renina plasmática elevada, hipoalbuminemia, malnutrición, ausencia de hepatomegalia. Estos parámetros son hallados al menos uno, en el 80% de los pacientes que debutan con ascitis.

Un episodio de encefalopatia hepática se asocia a la existencia de shunt porto-sistémico y/o insufiencia hepática severa y constituye un signo de mal pronóstico (supervivencia inferior al 30% a los 3 años), lo que constituye su aparición una clara y firme indicación de TOH. Otros pacientes presentan una encefalopatia hepática crónica con la que si no son trasplantado, pueden vivir durante años, pero su calidad de vida puede ser muy mala.

El factor pronóstico que condiciona la supervivencia de los pacientes que han sufrido una hemorragia digestiva alta de origen variceal es el grado de severidad de la hepatopatía subyacente, con independencia del tratamiento empleado. Es, por tanto, el estadio de Child-Pugh el más empleado para evaluar la probabilidad de supervivencia en estos pacientes.

El riesgo es estratificado, de forma que los pacientes cirróticos que se encuentra en un estadio A de Child-Pugh en el momento que sufren una hemorragia digestiva variceal tienen una tasa de supervivencia superior al 80% a los 3 años de haber ocurrido ésta, sin embargo, ésta baja a un 30% si se encuentra en estadio C de Child-Pugh, y son, por tanto, los que tendrían una clara indicación del TOH, algo que no se plantea en los A. Los que se encuentran en estadio B de Child-Pugh tiene una supervivencia variable entre 30-70%, por lo que sólo tendrán indicación, especialmente si está asociado a antecedente de haber tenido una descompensación hidrópica o encefalopatia hepática.

CONTRAINDICACIONES PARA TRASPLANTE HEPÁTICO

Existen contraindicaciones generales absolutas, que son debido a motivos técnicos insalvables, como puede ser la presencia de adherencias perihepáticas masivas, por intervenciones anterior o peritonitis plásticas, que hacen imposible la disección y la extirpación del hígado del receptor, así como la existencia de trombosis portal completa o cavernomatosis portal completa, que impide la anastomosis con la vena porta del hígado del donante. Existen, en algunos casos, la posibilidad de realizar una anastomosis de la porta del donante con la vena mesentérica superior del receptor o con otras venas esplácnicas. En otros casos, se podría colocar un TIPS pretrasplante con objeto de permeabilizar la vena porta trombosada, lo que llevaría a un mayor riesgo quirúrgico. La trombosis portal acontece en el 15% de los candidatos. Se considerará contraindicación absoluta cuando la trombosis del eje esplenoportal es extensa, de ahí la importancia de valorarlo adecuadamente con un estudio angiográfico exhaustivo.

Otra contraindicación absoluta es la presencia de enfermedades extrahepáticas mortales a corto o mediano plazo, sin posibilidad de tratamiento eficaz, tales como estadio SIDA o la presencia de una neoplasia maligna extrahepática inoperable. El colangiocarcinoma o hemangiosarcoma se consideran actualmente una contraindicación absoluta en la mayoría de los centros, cuando tiene una afectación extrahepática, es multicéntrico o tiene invasión tumoral macroscópica. Cualquier enfermedad tumoral extrahepática sin criterios oncológicos de remisión es una clara contraindicación para el TOH. Se recomienda generalmente que haya trascurrido un periodo mínimo libre de enfermedad de al menos 2 años. Es deseable que este periodo de prolonge 5 años libre de enfermedad en tumores con alto riesgo de metastasis tardia, como es el caso del cáncer de mama, melanoma y cáncer colorrectal.

La presencia de una enfermedad extrahepática grave cardiorrespiratoria, neurológica o psiquiátrica contraindica el TOH. Están contraindicada de forma absoluta la presencia de una nefermedad coronaria sintomática, disfunción ventricular grave, miocardiopatia avanzada, la hipertensión pulmonar grave (presión de la arteria pulmonar mayor de 50 mm de mercurio (Hg), valvulopatía grave, estenosis aórtica con alto gradiente de presión y fracción de eyección baja.

Está contraindicado también cuando el paciente tiene una hipoxemia grave, especialmente en el síndrome hepatopulmonar cuando la presión arterial de oxígeno es inferior a 50 mm Hg, por elevada mortalidad en el postoperatorio, así como en la hipertensión portopulmonar grave con presión arterial media superior a 45 mm Hg y aquellos con una presión arterial pulmonar media superior a 35 mm Hg que no hayan respondido favorablemente a fármacos vasodilatadores pulmonares.

Aquellos cirróticos con edema cerebral refractario al tratamiento o presencia de una fallo multiórgánico tendrán contraindicado el TOH. Sólo en los casos en la que la insuficiencia hepática se encuentre asociado a una enfermedad cardiaca, pulmonar o renal graves exclusivamente, podríamos plantearnos la posibilidad de un trasplante mixto.

Procesos infecciosos activos, a pesar de tratamiento antibiótico específico, como el shock séptico, septicemia, tuberculosis activa o el SIDA constituyen contraindicaciones absolutas. Las

PBE para poder indicarse de nuevo TOH es preciso un míniomo de 48 horas de tratamiento antibiótico.

No podrán ser trasplantados aquellos sujetos con adicción activa a drogas, enolismo activo, problemas sociales o psiquiatricos graves, situación de indigencia, hábito tabaquico (USA) por mayor riesgo de tumores de novo, nulo apoyo social, incapacidad para entender un TOH, malos adherentes a tratamientos o imposibilidad de vivir en condiciones higienico-sanitarias ambientales mínima-mente exigidas para evitar el posible desarrollo de infecciones post-TOH. Es conveniente para la selección de los posibles candidatos a receptor de un TOH un abordaje multidisciplinario, en el que entran los trabajadores sociales, psicólogos y especialista en Salud Mental.

Como contraindicaciones relativas tenemos: infección VIH en fase no de SIDA, siempre que la carga viral sea indetectable (menos de 200 copias por mililitro) con un recuento de CD4 mayor de 200×10^6 por litro y el informe psicológico y social sea favora-ble, edad avanzada, generalmente más de 70 años, insuficiencia renal crónica, desnutrición, cirugia abdominal alta previa, replica-ción activa del VHB, PBE y colangitis tratadas menos de 48 horas. También lo es la obesidad mórbida si tiene un índice de masa cor-poral mayor de 35, si el paciente ha hecho de manera enérgica por perder peso.

Los pacientes diabéticos, especialmente los mayores de 50 años debe descartarse la presencia de enfermedad coronaria silente, gastroparesia y nefropatia con proteinuria sin poder trasplantarlo de forma mixta, siendo contraindicación una baja fracción de eyección.

Existe, por otra parte, factores de riesgo asociados a trasplantes hepáticos y no contraindicaciones a priori: en los pacientes con fallo hepático fulminante o subfulminante (no hay tiempo para realizar un exhaustivo estudio pretrasplante), viremia positiva del VHC o VHB, enolismo activo hasta hace menos de 3 meses, grado C de Child-Pugh, síndrome hepatorrenal o insuficiencia renal, encefalopatia hepática grave, síndrome hepatopulmonar, hipertensión porto-pulmonar, trombosis portal o hipoplasia o calcificación portal, cirugía abdominal superior, cardiopatía, enfermedad pulmonar grado moderado, aneurisma o epilepsia, obesidad, malnutrición grave, diabetes mellitus, retrasplante, trasplante combinado, necesidad de UCI pre-trasplante.

EVALUACIÓN PRETRASPLANTE DE CIRRÓTICOS

Es preciso una evaluación minuciosa del posible candidato a TOH, para comprobar que no existen contraindicaciones o numerosos factores de riesgo que no lo aconsejen, que se confirmen que no existen otras alternativas terapéuticas al mismo y que aseguremos que el TOH es la mejor solución terapéutica que podemos ofertarle a ese paciente.

Según la clasificación de Child-Pugh está indicado el TOH cuando su puntuación es mayor o igual a 7 y cuando el MELD es mayor o igual a 13 (USA) o mayor o igual a 15 (Europa). Para la evaluación pretrasplante, el paciente, dependiendo de su gravedad, puede ser estudiado en un consulta monográfica diseñada para este objetivo, y en otras ocasiones, se decide ingresar para en un periodo máximo de 1-2 semanas, poder establecer si puede ser candidato o no a un TOH. Durante este periodo el paciente será sometido a una variedad de pruebas analíticas, de pruebas de imagen, endoscópi-cas, todo dentro de un abordaje multidisciplinario en el que participan hepatólogos, cirujanos, anestesistas, radiólogos, cardió-logos, psicólogos, psiquiatras, trabajadores sociales, intensivistas, neumólogos, nefrólogos, neurólogos.

Valorar la gravedad de los pacientes, como hemos comen-tado anteriormente vamos a utilizar la puntuación del índice MELD, que se obtiene empleando la siguiente fórmula matemática:

$$MELD = 3,78 \times \log e \; bilirrubina \; (mg/dl) + 11,2 \log e \; INR + 9,57 \log e \; creatinina \; (mg/dl) + 6,4$$

Que generalmente asociamos con el estadio de Child-Pugh, que emplea las siguientes variables:

Clasificación de Child-Pugh[7]

Parámetros	1 punto	2 puntos	3 puntos
Albúmina	> 3,5 g/dl	2,8 – 3,5 g/dl	< 2,8 g/dl
Bilirrubina	< 2 mg/dl	2 – 3 mg/dl	> 3 mg/dl
Encefalopatía	NO	I - II	III - IV
Ascitis	NO	Leve - moderada	A tensión
Tiempo protrombina (>seg. de control)	1 - 4	5 - 6	> 6

Clasificación: A 5-6; B 7-9; C 10-15

Existen varias clasificaciones para establecer el riesgo potencial que tiene un cirrótico o paciente que ha sufrido agudamente una insfuciencia hepática aguda grave progresiva, para definir los criterios de priorización de un TOH entre los receptores potenciales que se encuentran en la lista de espera:

A) Clasificación de la United Network for Organ Sharing (UNOS): es empleado en Estados Unidos y cuenta con 5 estadios, el 1 es más grave, el 2 se subclasifica en 2A y 2B y el que tiene menor riesgo es el estadio 4. Así lo definimos: *estadio 4* (paciente inactivo); *estadio 3* (paciente con Child-Pugh B de 8 puntos o más, con vigilancia permanente y sin antecedente de hemorragia varicosa previa, síndrome hepatorrenal, PBE, ascitis o hidrotórax refractarios y ausencia de hepatocarcinoma); *estadio 2B* (estadio Child-Pugh C con vigilancia médica permanente sin necesidad de UCI o bien estadio B8 o más de Child-Pugh con presencia de hemorragia digestiva varicosa no controlable, síndrome hepatorrenal, PBE, ascitis/hidrotórax refractarios o hepatocarcinoma); *estadio 2A* (paciente hospitalizado en la UCI con expectativa de vida inferior a 7 días con estadio C de Child-Pugh) y finalmente *estadio 1* (paciente con fallo hepático fulminante con expectativa de vida inferior a 7 días, con disfunción primaria post-trasplante, trombosis aguda de la arteria hepática, enfermedad de Wilson aguda descompensada).

B) Clasificación de Child-Pugh (tabla especificada en página anterior): cuenta con 3 parámetros analíticos (albúmina, bilirrubina total y tiempo de protrombina) y 2 clínicos (presencia de encefalopatia hepática y ascitis).Predice el riesgo de mortalidad en pacientes con cirrosis hepática. Ha sido criticado por la ausencia en su incorporación de la función renal del paciente.

C) Sistema MELD: emplea 3 variables (bilirrubina total, INR o índice internacional normalizado) y creatinina sérica. Predice la supervivencia en los 3 meses siguientes. Sólo puede emplearse en adultos. Para edad infantil está el PELD (Pediatric End-stage Liver disease): que incluye 5 variables (bilirrubina, INR y 3 más, edad, albúmina, y déficit de creciminento). Tiene varias ventajas frente a la clasificación de Child-Pugh, debido a que el MELD está basado en análisis estadístico multivariante y su cálculo es sencillo, podría ser empleado en paciente con sindrome hepatorrenal tipo 2 si su MELD supera los 20 puntos.

D) Índice de Maddrey: es el modelo pronóstico empleado en la insuficiencia hepática aguda grave de origen enólico. Se calcula con la siguiente fórmula: 4,6 x (tiempo de protrombina – tiempo de protrombina control) + bilirrubina total. Un score de 32 puntos o más se asocia a elevada mortalidad a corto plazo.

E) Criterios pronósticos en el fallo hepático fulminante: disponemos de 2 clasificaciones que son empleadas por los intensivistas, dado que son pacientes que tienen un hígado sano que ha sufrido por etiologia viral, Wilson, autoinmune o tóxica una insuficiencia hepática grave progresiva, con desarrollo de encefalopatia hepática grado III-IV y coagulopatía severa, por lo que son pacientes que terminan ingresados en UCI. La primera clasificación que tenemos son los del King's College Hospital. Ellos tienen 2 subclasificaciones, dependiendo que el fallo hepático agudo sea producido por paracetamol o no. En el caso de fallo hepático por paracetamol tenemos los siguientes criterios de gravedad: presencia de un pH sanguineo menor de 7,3 después de la reposición hidroelectrolítica o bien la presencia de un tiempo de protrombina mayor de 100 segundos, creatinina sérica mayor de 3,4 miligramo/decílitro y presencia de una encefalopatia hepática grado III o IV. Si el fallo hepático agudo es por otras etiologias, los criterios de gravedad serán: la presencia de un tiempo de protrombina mayor de 100 segundos o INR mayor de 7 o bien, la presencia de 3 o más de los parámetros que a continuación especificamos (edad menor de 10 año o mayor de 40 años, etiologia por halotano, tóxica o indeterminada, intervalo entre aparición de la ictericia y la encefalopatia hepática de más de 7 días, una bilirrubina total mayor de 18 mg/dl, tiempo de protrombina mayor de 50 segundos).

La otra clasificación pronóstica en el fallo hepático agudo aceptada son los criterios de Clichy, que admite como criterios de severidad la presencia de una encefalopatia hepática grado III-IV asociada en pacientes con menos de 30 años de unos niveles de factor de la coagulación V menor de 20% y en mayores de 30 años la presencia de un nivel del factor V de la coagulación menor del 30%.

No existe un protocolo pretrasplante común para todos los hos pita les españoles, sino que cada hospital suele disponer de uno propio.

Se trata de un documento que incluye los siguientes aspectos:

1. Datos de filiación del paciente: nombre y apellidos, sexo, edad, dirección, teléfono de contacto (móvil).

2. Variables demográficas: peso, talla, índice de masa corporal, tensión arterial, frecuencia cardiaca.

3. Enfermedad basal: etiología de la cirrosis, puntuación del índice MELD y estadio Child-Pugh, si ha sido biopsiado con grado METAVIR o score de fibroscan (confirme que es cirrótico) o signos ecográficos que lo justifican, posibles descompensaciones o datos relevantes (antecedente de ascitis asociada o no a PBE, encefalopatia hepática y grado, hemorragia digestiva variceal, y si tiene injertado un hepatocarcinoma o no en su cirrosis, y si fuese así, estadio de la BCLC.

4. Se debe realizar extracción analítica amplia para descartar infecciones latentes, posibles contraindicaciones, patología silente: hemograma, coagulación, velocidad de sedimentación (VSG), bioquímica general, hepática, renal, lipídica, proteinograma, IgG, IgA, IgM, metabolismo del hierro con ferritina e indice de saturación de transferrina (IST), ceruloplasmina, alfa-1antitripsina, alfafetoproteina, autoanticuerpos hepáticos (anticuerpo antinucleares, anticuerpo anti-LKM, anticuerpos anti-músculo liso, anticuerpo antimitocondriales), prealbúmina, pro-

teina ligada al retinol, hormonas tiroideas, orina elemental, iones en orina de 24 horas, aclaramiento de creatinina, gasometria arterial.

5. Pruebas de imagen iniciales: radiografía de senos, radiografía de tórax postero-anterior y lateral informadas, radiografía de abdomen y ecografia doppler de abdomen.

6. Estudios endoscópicos: endoscopia oral realizada en los últimos 12 meses. No sería precisa en caso de que el paciente ya se sepa que tiene varices esofágicas grandes y ya realiza profilaxis primaria, salvo que tenga que ser sometido a LEVE profiláctica, así como una colonoscopia total, si el paciente tiene una edad igual o superior a 50 años.

7. Evaluación cardiaca: se realizará un electrocardiograma (ECG), ecocardiograma, ecocardiograma con dobutamina (si es diabético, si tiene 2 o más factores de riesgo cardiovascular como tabaco, hipertensión arterial o dislipemia en caso de tener menos de 60 años y si tuviera más de 60 años con 1 factor o más cardiovascular se recomienda realizarsela). Deben haberse suspendido los betabloqueantes antes del ecocardio si el paciente los emplea como profilácticos de hemorragia digestiva variceal unas 48 horas antes. Si el paciente tuviera una cardiopatía isquémica ya conocida, se recomienda que lo valore Cardiología

y lo someta a un cateterismo cardiaco, prueba que también es recomendable realizar en caso de que la prueba de ecocardio con dobutamina fuese patológica. Si la presión pulmonar sistólica (PPS) es mayor o igual a 50 mm Hg en el ecocardiograma realizado, se deberá someter al paciente a un cateterismo cardiaco derecho, que generalmente se realizará en el entorno de la Unidad de Cuidados Intensivos.

8. Evaluación respiratoria: lo primero que debemos hacer es un pulsioximetria tras estar sentado y en bipedestación durante más de 20 minutos. Si tras estar sentado más de 20 minutos, la saturación de Oxígeno en la pulsioximetria es inferior o igual a 96%, habrá que solicitar al paciente una gasometria arterial entre las pruebas analíticas y generalmente se lleva a un aparato localizado en urgencias o UCI. Se debe hacer una espirometría.

Debemos sospechar la presencia de un síndrome hepatopulmonar si en la gasometria arterial la presión arterial de oxígeno es menor de 80 mm Hg, tiene un gradiente alveolo-arterial de oxígeno mayor o igual a 15 mm Hg (si tiene menos de 65 años) o si es mayor de 20 mm Hg (si su edad es mayor o igual a 64 años). Si esto fuese así, deberíamos solicitar una ecocardiograma con burbujas, que en caso de ser patológico, se solicitaría una gammagrafía de perfusión pulmonar con macroagregados de albúmina marcados con Tecnecio99 a Medicina Nuclear.

9. Grupo y Rh sanguíneo, así como la presencia de anticuerpos irregulares (Banco de sangre del centro).

10. Tipaje HLA y anticuerpo anti-HLA clase I y II (Unidad de Inmunología).

11.   Estudio serológico: serologia VHB (AgHbs, anti-HBs, anti-HBc-IgM, . Si fuera portador del VHB (AgHBs) se solicitaría en una segunda batería (AgHBe, antiHBe, DNA-VHB y virus hepatitis delta); serologia VHC (anti-VHC, genotipo VHC, RNA-VHC o viremia); anti-VIH; anti-VHA-IgG; Toxoplasma; citomegalovirus; virus de Ebstein-Barr; Varicela-Zoster; virus herpes simple 1 y 2; lues o sífilis; sarampión; rubéola; Bordetella pertusis; tétanos, parotiditis.

A todos los pacientes debe hacerse además, el Mantoux con lectura a las 48 horas por DUE, que en caso de ser positivo se debería solicitar baciloscopia del esputo durante 3 días distintos. Otros estudios necesarios son un frotis nasal, para descartar que esté colonizado por Staphilococo aureus; un urocultivo y coprocultivos y parasitos en heces durante 3 dias, que en caso de tratarse de un inmigrante africano o de zona ecuatorial, se debe descartar también la presencia en Strongyloides stercolaris.

12. Evaluación Maxilo-facial: muy importante descartar la presencia de caries y sobre todo flemones, que pueden ser focos de infección latente. Para ello, se solicitará una Ortopantomografía. Se deberá contactar con Cirugía Maxilofacial, para que lo valore con la prueba anteriormente reseñada, con objeto de que proceda a las extracciones dentarias que considere oportunas. En caso de que el paciente tenga una plaquetopenia menor de 50000, deberá ponerse plaquetas antes en el Hospital de Día. Si el INR es mayor de 1,5, se recomienda ponerle plasma.

13. Evaluación psicológica: deberán ser remitidos aquellos pacientes con antecedente de enolismo o consumo de drogas. Se intenta valorar la personalidad del sujeto, su adherencia al futuro tratamiento crónico post-trasplante, apoyo socio-familiar, valorar capacidad de cambios de estilo de vida del paciente, valoración de potenciales vulnerabilidades y debilidad psicológica del paciente. La calidad de vida pretrasplante del paciente se evaluará con el cuestionario SF-36. Se contraindicarán aquellos diagnósticos como psicosis no estabilizadas, personalidad antisocial, depresión mayor recurrente con alto riesgo de suicidio, toxicomanias crónicas que no puede dejar por completo (alcohol y drogas),deficit intelectual severo.

14. Valoración nutricional: Debe ser remitido a Endocrino para que lo valore nutricionalmente y el estado endocrinológico del paciente (factores de riesgo pretrasplante como hipertensión arterial, diabetes mellitus, dislipemias, obesidad, osteoporosis). El grado de desnutrición es mayor generalmente cuanto más evolucionada y descompensada se encuentre la cirrosis hepática. Los pacientes cirróticos desnutridos tienen más riesgo de infecciones, necesidad de soporte ventilario más duradero, mayor estancia hospitalaria,mayor mortalidad y costes hospitalarios.

Se hará, además del peso, talla e IMC, la medición de pligues subcutáneos (bicipital, tricipital, subescapular e iliaco): con estas medidas podemos usar las tablas de Alastrué y emplear las ecuaciones de Siri y Womersley. También podemos determinar la dinamometría preotrasplante de la mano. Además de hemograma, albúmina, transferrina, prealbúmina, zinc, y vitamina liposolubles A,D y E. También podemos complementar los otros estudios nutricionales con la impedanciometría multifrecuencia. Si existiera deficit de zinc o vitaminas ADE, se deben administrar. Se recomiendas suplementos ricos en aminoacidos ramificados.

La restricción proteica hay que realizarla exclusivamente en la encefalopatia hepática aguda (0,5-0,7 gramos/kilogramo/dia e ir aumentando progresivamente según tolerancia), mientras que en la crónica no estaría indicada, además de un aporte de lípidos inferior a 1 gramo/kilogramo/dia. Mejor tomar proteinas lácteas y de pescado, reduciendo las de carne. En los pacientes con encefalopatia es deseable evitar carnes, riñones, higaditos, callos, pescado, marisco, caracoles, embutido y charcuteria y se deben reducir lácteos. Es recomendable que tome legumbres, patatas, pan, pasta, cereales, arroz, verduras, hortalizas, fruta, zumos, huevos, azucar, miel, pasteles, helados caseros, chocolate, agua natural, Las necesidades diarias calóricas oscila entre 35-40 calorias/kilogramo de peso, mientras que de proteinas diarias entre 1,2-1,5 gramos/kilogramos de peso, según grado de desnutrición.

Si tiene edema o ascitis, dieta baja en sal (máximo 2 gramos al dia). Si hiponatremia restringir líquidos a 1-1,5 litro/dia. Si esteatorrea, administrar aceite MCT y vitamina ADE si deficit. Si el paciente tuviera osteopenia, se debe tomar 1,5 g de calcio al dia asociado a vitamina D, evitando el alcohol.

También pueden ser de utilidad ñas formulas enterales denominada IMPACT, que está constituida por arginina, ácidos grasos omega 3 y nucleotidos durante el periodo pretrasplante. Se recomienda evitar los alimentos crudos (carne, pescado, huevo, leche no pasteurizada), y emplear el uso de probioticos.

Si el paciente tiene edemas o ascitis, se recomienda evitar: sal, carnes saladas y ahumadas, pescados ahumados y en conserva, mariscos, embutidos, charcuteria, quesos, pan con sal, aceitunas, sopas en sobres, zumos envasados, frutos secos, pasteleria industrial, mostaza y pepinillos.

15. Densitometria ósea: solicitud a la Unidad de Medicina Nuclear.
16. Vacunaciones: debe ser vacunado en otoño de la gripe, hepatitis A su antiVHA-IgG negativo, VHB (si toda la serologia es negativa), varicela (si no estuviera recibiendo tratamiento inmunosupresor) y neumococo (Prevenar).
17. En mujeres: deberá hacerse cribado del cáncer de mama (mamografía) y del cáncer de cérvix (ecografia ginecológica con citología de cuello uterino).
18. En pacientes diabéticos: hay que descartar patología retiniana o macular (fondo de ojo), descartar la presencia de proteinuria y microalbuminuria (orina de 24 horas) y ecocardiografia con dobutamina o talio-dipiridamol.
19. En pacientes con hepatocarcinoma: deberemos solicitar alfafetoproteina, TAC tórax con contraste iv, TAC abdomen

multicorte intravenoso o mejor aún una resonancia magnética hepática con contraste iv (RMN), que es más eficaz para detectar nódulos entre 1-2 cm de diámetro así como una gammagrafía ósea, para descartar metastasis óseas.

20. En fumadores: se debe exigir que dejen de fumar, de hecho, en USA es una contraindicación absoluta, ya que el tabaquismo se ha asociado a un incremento de la incidencia de tumores de cabeza, cuello y esófago post-trasplante.

21. Antecedentes de tumores: la mayoría de la Comisiones de trasplante exigen al menos 2 años en remisión, requiriéndose al menos 5 años en el caso de haber padecido un cáncer de cuello invasivo, cáncer de mama o melanoma. No es preciso un periodo de remisión en el cáncer renal incidental, asintomático, en el cáncer de vejiga extirpado in situ, cáncer de cérvix in situ, y en el epitelioma basocelular.

Cuando el paciente ha sido sometido a la totalidad de las pruebas diagnósticas necesarias para una exhaustiva evaluación pretrasplante, éste debe ser clasificado como candidato y ser incluido en una de las listas existentes (lista electiva, preferente local, preferente común o código 0, según riesgo pronóstico que tenga el paciente según el MELD y estadio de Child-Pugh que tenga), o bien establecer su no inclusión por existir contraindicación absoluta o temporal. El código 0 generalmente es incluido un paciente con una insuficiencia hepatica aguda grave o fallo fulminante, la necesidad de un retrasplante urgente o difunción primaria del injerto, ya que son pacientes que si no son trasplantados terminarán falleciendo en pocos días.

Para poder ser incluido en lista electiva (con menor riesgo de las 4 clasificaciones) tiene que tener el paciente un MELD de al menos 15 puntos o tratarse de un B7 en el sistema de puntuación de Child-Pugh. La puntuación del MELD de un paciente que ya ha sido incluido en la lista electiva debe realizarse cada 3 meses, por si se va incrementando o por empleo de otras terapias se consigue mejorar el MELD (empleo de AAD en hepatitis C, inmunosupresores en hepatitis autoinmune, mejoría MELD al dejar de beber, etc).

Cuando el paciente tenga un MELD comprendido entre 15-17 puntos, será incluido en *Lista de espera Electiva*. Son reevaluados los incluido en la lista electiva cada 3 meses (90 días). Cuando el MELD esté comprendido entre 18-20 puntos, será incluido en la *Lista de espera Preferente Local*. Si el MELD del paciente alcanza los 21 puntos o más, pasará a ser incluido en la *Lista de espera Preferente Común.*Los pacientes incluidos en las listas preferente Local o Común serán reevaluados mensualmente (cada 30 días).

Aquellos pacientes que hayan sido incluidos inicialmente en la lista de espera electiva (MELD de 15-17 puntos), por cada trimestre de estar en dicha lista de espera, se le irán sumando al MELD con la que fue incluido, un 1 punto, de tal forma, que si se lleva en lista electiva un periodo de 9 meses y entró con un MELD de 15, habrá alcanzado los 18 puntos, necesarios para ser incluido ya en lista de espera preferente local.

Aquellos pacientes con MELD entre 18 y 20, que hayan sido incluidos en la lista de espera preferente local, por cada 2 meses trascurridos desde que fuera incluido en dicha lista, se le irá dando 2 puntos, de forma que si alcanza los 21 puntos, podrá ya incluirse en lista de espera preferente común, hasta un máximo de 23 puntos.

Los pacientes cirróticos que hayan sufrido un síndrome hepatorrenal tipo 1 o tenga ascitis refractaria a diuréticos, que precise 2 o más paracentesis evacuadora al mes, se mantendrán en la lista preferente donde fueron incluidos inicialmente, independientemente de las medidas terapéuticas tomadas. En ambas situaciones la re-evaluación se irá haciendo con el MELD-sodio, que se incrementaría en 1 punto por cada mes en lista de espera en lista de espera electiva. Una vez pase a las lista de espera preferentes local o común se le irá sumando 1 punto por cada 2 meses de haber sido incluido en ellas.

También se consideran situaciones especiales, además del síndrome hepatorrenal tipo 1, el síndrome hepatorrenal tipo 2 con ascitis, el hidrotórax recidivante no controlable con tratamiento diurético, síndrome hepatopulmonar con presión arterial de oxígeno menor de 60 mm Hg, hipertensión porto-pulmonar severa con presión arterial pulmonar media mayor de 45 mm Hg tratada farmacológicamente hasta alcanza niveles óptimos para el TOH, encefalopatia hepática sin factores precipitantes, crónica o recidivante, con significativa pérdida de la calidad de vida, síndrome de Budd-Chiari, colangiocarcinoma, fibrosis quística, enfermedad de Rendu-Osler-Weber, hiperoxaluria primaria, poliquistosis hepática, prurito intratable, colangitis bacteriana recurrente, hemorragia digestiva por hipertensión portal refractaria, síndrome small for size post-TOH, tumores hepáticos infrecuentes, enfermedades metabólicas, así como amiloidosis familiar, salvo que se vaya a realizar un trasplante dominó.

Si se trata de un paciente afecto de una polineuropatía amiloidótica familiar, si se va a realizar un trasplante dominó, será incluido directamente en la lista de espera preferente local, con preferencia para trasplantarse incluso antes de los que hayan sido incluido en lista preferente común, salvo que tuviera éste último un MELD de 24 puntos o más, que entonces prevalecería la prioridad del que está en la lista preferente común.

La asignación de trasplantes se iniciará por los pacientes incluidos en la lista de espera preferente común, seguido después de la local y finalmente los de la lista de espera electiva.

F.M. Jiménez

Capítulo 3: Indicación de trasplante hepático en hepatocarcinoma y otros tumores hepáticos

El trasplante hepático se puede plantear en el tratamiento de tumores benignos y malignos. En el caso de los benignos (adenoma hepático, cistoadenoma biliar, papilomatosis biliar, hemangiomas cavernosos gigantes, hamartoma mesenquimal, lipoma o fibromas hepáticos) se podrá plantear el TOH cuando el tamaño del tumor no permita su extirpación completa con una hepatectomia parcial. Tenemos como ejemplo, el síndrome de Kasabach-Merrit con hemangiomas carvernosos gigantes.

El tumor maligno más frecuente es el hepatocarcinoma, aunque también podrían beneficiarse de un TOH las metastasis o tumores hepáticos secundarios de cáncer de colon, cáncer de pancreas, cáncer de estómago, de mama o de ovario, siempre que el primario esté controlado y en remisión sin datos de enfermedad neoplásica extrahepática. Otros tumores que podrían beneficiarse son en los carcinoides, gastrinomas, insulinomas, vipoma, glucagonoma, sarcomas y melanoma. No deberán existir contraindicaciones generales como tener una edad superior a 65 años, insuficiencia cardiaca, insuficiencia renal crónica terminal que precise dialisis, SIDA, drogadicción activa o replicación activa del virus de la hepatitis B.

El estudio de extensión deberá incluir TAC de tórax y abdomen con contraste intravenoso, una gammagrafia ósea, así como un TAC craneal para descartar metastasis oseas. En lugar de solicitar un TAC abdomen con contraste intravenoso, para el TOH puede ser más rentable la realización de un angioTAC abdomen o angioRMN, y en algunos casos dudosos, se puede emplear una arteriografía del tronco celiaco y arteria mesentérica superior asociada a una ecoendoscopia oral. En casos excepcionales, se podría realizar una laparoscopia o laparotomía exploradora si no hay sido suficiente con las pruebas anteriormente comentadas.

El hepatocarcinoma es el tumor maligno más frecuente. Las zonas de mayor incidencia es en el Sudeste asiático y áfrica subsahariana. Los factores de riesgo son el sexo masculino, enolismo, consumo de alflatoxina B1, cirrosis hepática, infección crónica por VHB y VHC, hemocromatosis, deficit de alfa1-antitripsina, porfiria cutánea tarda, tirosinemia, enfermedad de Wilson. El carcinoma fibrolamelar es más frecuente en población joven, entre 5-35 años y afecta por igual a ambos sexos. Se desarrolla sobre hígado sano sin evidencia de cirrosis. La cirugia es posible en un 50% de los casos, y en otros, se llega a un TH.

El colangiocarcinoma es un tumor maligno que puede ser intrahepático y elevar la alfafetoproteina,s iendo similar su comportamiento en algunos casos al hepatocarcinoma. Suelen ser voluminosos y multicéntricos, aunque la afectación más frecuente es la del conducto hepático común y la bifurcación de los conductos hepáticos derecho e izquierdo. Es el llamado tumor de Klastkin, el cual es de crecimiento lento y su tamaño es menor. Puede estar asociado a una CEP, de hecho entre un 5-10% de las CEP tiene un colangiocarcinoma, que suele debutar con aparición de ictericia persistente, prurito, pérdida de peso con deterioro del estado general durante un periodo de 1 año.

El hepatoblastoma es el tumor hepático maligno más frecuente en infantes de menos de 5 años, con predominio del sexo masculino. El hemangioendotelioma epitelial es un tumor infrecuente que suele darse en mujeres, de crecimiento lento con bajo grado de malignidad, aunque puede ser en algunos rápidamente progresivo. Suele afectar en forma de múltiples nódulos bilobulares con calcificacióin del borde hepático. El angiosarcoma es un tumor maligno infrecuente y muy agresivo, que hay que hacer el diagnóstico diferencial con el hepatocarcinoma. Su etiologia se ha asociado al cloruro de vinilo, arsénico y esteroides anabolizante. Afecta a pacientes con edad avanzada, con mal pronóstico a corto plazo y los casos que se han trasplantados los resultados han sido malos.

Los trasplantes hepáticos en pacientes con tumores metastasicos con primario controlado y sin invasión extrahepática (colon, mama, páncreas, melanoma, sarcomas, ha tenido unos resultados desalentadores con tasas de recidivas de hasta el 60%, por lo que no suelen ser aceptada su indicación. Los mejores resultados se han dado con tumores neuroendocrinos de crecimiento lento, tales como gastrinomas, glucagonomas, vipomas, carcinoides, apudomas.

Existe un protocolo aceptado en el estudio diagnóstico de la lesión ocupante de espacio (LOE) en un paciente con cirrosis hepática. La persona que más ha estuadiado esta patología en España es el Dr. Jordi Bruix y en 2001 se estableció un protocolo definido para nuestro país. Cuando se detecta una LOE hepática de menos de 1 cm en un cribado ecográfico en un paciente cirrótico, deberá respetirse la ecografia abdomen dentro de 3 meses, de forma que si se ha mantenido estable, la controlaremos con controles trimestrales hasta que desaparezca o crezca. Si en el control ecográfico a los 3 meses aumenta de diámetro y es mayor de 1 cm, deberemos valorar el patrón dinámico vascular de dicha LOE, y para ello, procederemos a solicitar un TAC multidectector con contraste in travenoso o RMN hepática con contraste intravenoso y dicha LOE hepática muestra hipervascular en fase arterial y lavado venoso precoz en fase venosa, el diagnóstico será de hepatocarcinoma. Si no tiene el patrón vascular típico de hepatocarcinoma, si hemos hecho un TAC multicorte, deberemos solicitar a continuación una RMN hepática o viceversa, de forma que si es compatible, tendremos también el diagnóstico. En caso de un patrón vascular inespecífico tendremos que optar por una biopsia de dicha LOE.

Si se confirma que se trata de un hepatocarcinoma, la clasificación terapéutica que tenemos que emplear para establecer el tratamiento indicado en dicho paciente que tiene un hepatocarcinoma sobre un hígado cirrótico es la Barcelona Clinic Liver Cancer (BCLC). En ellas, existen 4 estadios tumorales distinto (estadios A o inicial, estadio B o intermedio, estadio C o avanzado y estadio D o terminal), presentando el estadio A 4 subestadios distintos. Así tenemos:

a) *Estadio inicial A1:* cirrótico con un estadio A o B de Child-Pugh con un performance status de 0 (actividad de vida normal con magnífica calidad de vida), con un tumor único menor de 5 cm de diámetro, sin signos de hipertensión portal (ausencia de varices esofágo-gástricas, vena porta dilatada, esplenomegalia o ascitis): este paciente no deberá

ser sometido a trasplante hepático, sino a resección quirúrgica del mismo. Si existe contraindicación para la cirugia o
anestesia por su comorbilidad, podria emplearse la radiofrecuencia si el diámetro de la LOE hepática no excede los 3-
3,5 cm de diámetro.

b) *Estadio inicial A2*: cirrótico con estadio A o B de Child-
Pugh, con un performance status de 0 (actividad de vida
normal con magnífica calidad de vida), con un tumor único
menor de 5 cm de diámetro, bilirrubina total normal, pero
con signos de hipertensión portal (presencia de varices esofágo-gástricas, vena porta dilatada, esplenomegalia o
ascitis): si la LOE hepática en igual o menor de 3 cm podría
ser tratado con radiofrecuencia, mientras que si su diámetro
oscila entre 3-5 cm, sería candidato a TH. Si existe contraindicación para la cirugia o anestesia por su comorbilidad,
podria emplearse la radiofrecuencia si el diámetro de la
LOE hepática no excede los 3-3,5 cm de diámetro.

c) *Estadio inicial A3*: cirrótico en estadio A o B de
Child-Pugh, con un performance status de 0 (actividad de
vida normal con magnífica calidad de vida), con un tumor
único menor de 5 cm de diámetro, con elevación de la bilirrubina total, y además signos de hipertensión portal

(presencia de varices esofágo-gástricas, vena porta dilatada, esplenomegalia y/o ascitis): si la LOE hepática en igual o menor de 3 cm podría ser tratado con radiofrecuencia, mientras que si su diámetro oscila entre 3-5 cm, sería candidato a TH. Si existe contraindicación para la cirugia o anestesia por su comorbilidad, podria emplearse la radiofrecuencia si el diámetro de la LOE hepática no excede los 3-3,5 cm de diámetro.

d) *Estadio inicial A4:* cirrótico en estadio A o B de Child-Pugh, con un performance status de 0 (actividad de vida normal con magnífica calidad de vida), con un número máximo de nódulos igual o inferior a 3 con un diámetro máximo de 3 cm: si la LOE hepática en igual o menor de 3 cm podría ser tratado con radiofrecuencia, mientras que si su diámetro oscila entre 3-5 cm, sería candidato a TH. Si existe contraindicación para la cirugia o anestesia por su comorbilidad, podria emplearse la radiofrecuencia si el diámetro de la LOE hepática no excede los 3-3,5 cm de diámetro.

Hay que indicar que tanto la radiofrecuencia como el TH son tratamiento curativos, que tienen una supervivencia media a los 5 años comprendida entre el 40-70% y con una supervivencia mayor de 60 meses.

e) *Estadio B o intermedio:* cirrótico en estadio A o B (máximo B8) de Child-Pugh, que tiene un performance status de 0 (actividades diarias sin problemas), pero presenta más de 3 nodulos o si algunos de los nódulos es mayor de 3 cm (multinodular), o bien, es un nódulo único que supera los 5 cm, con permeabilidad de la porta sin invasión tumoral o adenopática y sin metastasis a distancia: tratamiento paliativo con quimioembolización hepática. Este procedimiento permite una superviviencia a los 3 años entre un 10-40% y el paciente no sería candidato a TH, con una supervivencia media de 20 meses.

f) *Estadio C o avanzado:* cirrótico con hepatocarcinoma multicéntrico, que puede tener invasión vascular de la porta (trombosis tumoral portal que capta contraste en un angio-TAC), en estadio A o B de Child-Pugh, con posibilidad de metastasis adenopáticas o a distancia, con un performance status más deteriorado de 1 (sintomático, pero que puede hacer sus actividades diarias) o performance 2 (encamado menos de la mitad del día con sintomas y necesitando ayuda para sus actividades diarias): tratamiento paliativo con Sorafenib oral, como antiangiogénico tumoral. Este procedimiento permite una superviviencia a los 3 años entre un 10-40% y el paciente no sería candidato a TH, con un supervivencia media de 11 meses.

g) *Estadio C o terminal:* cirróticos en estadio C de Child-Pugh con hepatocarcinoma con un performance status deteriorado de 3 o 4 (muy sintomático con necesidad de estar encamado más de la mitad del dia o siempre encamado, respectivamente): no es candidato ni a TH, radiofrecuencia, ni a quimioembolización ni sorafenib. Sólo tratamiento sintomático paliativo, generalmente con una supervivencia media inferior a los 3 meses. Hay que remitir a estos pacientes a la Unidad de Cuidados Paliativos de las Unidades de Oncología Médica e informar de su situación a su médico de cabecera.

En Andalucia en el Proceso Asistencial Integrado del trasplante hepático del Servicio Andaluz de Salud, se ha realizado una clasificación de los hepatocarcinomas, en hepatocarcinomas de alto riesgo y bajo riesgo.

Los *hepatocarcinomas de alto riesgo* son los que cumplen los criterios de Milán y tienen una alfafetoproteina mayor o igual a 200 nanogramos por mililitro. A estos pacientes se les adjudica de entrada un MELD de 15 puntos y son incluidos en lista de espera electiva. Por cada mes en esta lista de espera se les irá incrementando su MELD hasta llegar a los 3 meses a 18 puntos, por lo que pasarán a lista de espera preferente local. Una vez en esta lista, seguirá incrementando su puntuación de MELD 1 punto por mes que esté en la lista de espera preferente local, de forma que cuando alcance los 3 meses en ella, tendrá 21 puntos y será incluido en la lista de espera preferente común, de forma que si trascurre 3 meses en ellas, tendría un máximo de 24 puntos.

Los *hepatocarcinomas de bajo riesgo* son aquellos con nódulos únicos menores de 3 cm de diámetro. Estos pacientes pasarán a la lista de espera electiva con un MELD de 15 puntos, de forma que por cada 4 meses en dicha lista se le irá incrementando su MELD en 1 punto, de forma que para poder pasar a lista de espera preferente local, deberán haber trascurrido 3 cuatrimestre (1 año), momento en que alcanzaría los 18 puntos. Una vez, ya incluidos en lista de espera preferente local, por cada 2 meses en ella se le incrementará su MELD 1 punto cada 2 meses, de forma que que para poder ser incluido en lista de espera preferente común, tendrán que haber alcanzado un MELD de 24 puntos, lo que equivale que tenga que estar en lista preferente local otros 12 meses más.

Los trasplantes en colangiocarcinoma son desalentadores con medias de supervivencia de sólo 5 meses. Si es un colangiocarcinoma del conducto biliar principal o de la vía biliar extrahepática a nivel hiliar no alcanzaba el 17% a los 5 años. Es necesario tratamiento quimioterapia y radioterapia. No debe haber afectación ganglionar ni metastasica a distancia. Sin embargo, en muchos centros lo consideran una contraindicación absoluta.

Las tasas de recidiva en trasplantados con hepatoblastomas son en torno al 33% con una supervivencia media a los 5 años del 50%. Los resultados en metastasis hepáticas presentan supervivencias entre el 21-34% a los 5 años.

Para valorar las posibilidades de TH en metastasis de tumores neuroendocrino se debe solicitar los niveles de cromogranina A, así como el número de mitosis y/o índice de proliferación Ki-67, que debería ser inferior al 10%, ya que se da en tumores más diferenciados. También es deseable que el tumor primario neuroendocrino tenga drenaje portal, por lo que las metastasis hepáticas que podrían ser candidatas a un TH son aquellos de localización en antro gástrico, duodeno, delgado, colon derecho y páncreas, debiendo de ser excluidos para un TH, las localizadas en recto, esófago, púlmón, suprarrenales. La resección del tumor neuroendocrino primario debe ser completa (R0) y debe emplearse quimioterapia adyuvante.

Los resultados de supervivencia en TH en metastasis de cáncer de colorrectal ha ascendido a un 71% a los 5 años, gracias al empleo del sirolimus como tratamiento inmunosupresor y antiproliferativo, además del tratamiento con anticuerpo monoclonales como Cetuximab (factor de crecimiento tumoral) y antiangiogénicos (Bevacizumab). Podrían ser candidato a TH, aquellos que tienen metastasis hepáticas no resecables, en los que se ha descartado con PET y estudios de extensión enfemedad metastásica extrahepática, que pudiera ser candidato a adyuvancia quimioterápica post-trasplante y que pueda realizarse en unidades con mayor experiencia.

Capítulo 4: Indicaciones de trasplante hepático en edad pediátrica

El trasplante hepático en la edad infantil tiene una tasa de supervivencia al año del 85-90%. En los niños existe una incidencia muy baja de pérdida del injerto o de mortalidad trascurrido el 1° año del TH, ya que menos de un 10% de los niños trasplantados fallecen en los 5-10 años siguientes. Su calidad de vida posttrasplante es excelente, pero el empleo de un tratamiento inmunosupresor crónico para el resto de su vida va a ser responsable de cierto grado de insuficiencia renal, enlentecimiento del crecimiento, susceptibilidad a infecciones y el desarrollo futuro de tumores a largo plazo.

La variedad de etiologia es amplia, dividiéndose en 5 grupos amplios (colestasis, enfermedades metabólicas, cirrosis hepática, insuficiencia hepática aguda grave y otras causa).

Dentro de las enfermedades colostásicas en la edad infantil destacamos la atresia biliar extrahepática, el síndrome de Alagille, colestasis intrahepática familiar progresiva, el sindrome de hepatitis neonatal. La atresia biliar extrahepática es la hepatopatía grave más frecuente en la edad pediátrica y es por tanto, la indicación más común del TH. Se produce por obliteración fibrosa de una parte o de toda la vía biliar extrahepática, asociada a un grado de fibrosis variable de los espacios porta, infiltrado inflamatorio mixto, colestasis, degeneración hepatocitaria y transformación gigantocelular. En un 10% de las atresias biliares se asocia a poliesplenia y puede tener una porta preduodenal, malrotación intestinal , ausencia de cava retrohepática con retorno venoso por hemiácigos, situs inverso visceral, alteraciones en la lobulación pulmonar, dextrocardia u otras malformaciones cardiacas.

Los sintomas en la atresia biliar comienzan en las primeras semanas de vida cn ictericia y acolia. La hepatomegalia suele aparecer al mes de vida, que es de consistencia dura y asociada a hipertensión portal, evolucionando a cirrosis biliar secundaria de forma acelerada, de forma que si el bebé no es trasplantado termina falleciendo entre los 6 meses y 2 años de edad. La técnica quirúrgica inicialmente empleada es la de Kasai, que es una técnica de derivación (porto-enterostomía), con riesgo de colangitis de repetición. Esta operación suele indicarse antes de los 3 primeros meses de vida, ya que no genera beneficios si se realiza después.

Tras esta cirugía de Kasai, no se consigue a los 2 meses de haberse realizado la resolución de la ictericia del bebé, debe indicarse un TH antes del 1° año de edad. La evolución de hipertensión portal, ascitis, hemoragias altas variceales o ascitis también establecen la indicación de TH, así como un estadio de desnutrición significativo. Es típica su asociación con sindorme hepatopulmonar, caracterizado por cianosis con el llanto, acropaquias, por lo que es conveniente determinar la saturación de oxigeno de estos pacientes con gasometria arterial y descartar la presencia de fistuales arteriovenosas pulmonares mediante la gammagrafía con albúmina marcada con Tecnecio99, que en caso de presentar esta complicación, independientemente del grado de insuficiencia hepática, tendría indicación de TH.

Otras de la indicaciones de TH en paciente con atresia biliar es la presencia de colangitis recurrente piógena por formación de dilataciones saculares de la vía biliar intrahepática o malposición del asa intestinal derivada. Es fundamental en estos niños un estudio cardiológico pretrasplante exhaustivo, y de que exista un normal drenaje de la cava a la auricula derecha: si tuviera un drenaje directo a la auricula, podria precisar también el implante de la cava domijnante a la auricula derecha.

El síndrome de Alagille se transmite de forma autosómico dominante en al menos en el 43% de los casos, con variedad en su expresión. Se identificado delecciones en el brazo corto del cromosoma 20. Este síndrome se caracteriza por ductopenia o disminución de conductos biliares intrahepáticos, alteraciones cardiacas, defectos vertebrales, embriotoxon posterior y una fascies típica con abombamiento de la frente, mentón prominente e hipertelorismo. Tambíen puede aparecer, pero con menor frecuencia malformaciones renales, genitales, dentales, alteración del oido interna o de su capacidad intelectual.

Los conducitos biliares son visibles en número normal en las biopsias hepática realizadas en lactantes pequeños. La disminución (menos del 50% de los espacios porta del conducto biliar) suele aparecer ya en edades posteriores con destrucción de los mismos, sin actividad inflamatoria asociada. La escasez ductal puede ser asimétrica entre lóbulos. En algunos pacientes el proceso puede llegar a fibrosis portal severa y desarrollo de cirrosis hepática.

Las manifestaciones clínicas pueden aparecer en edad neonatal o lactante pequeño en el 78% de los casos, con retraso del crecimiento, ictericia, acolia y coluria. Suelen presentar una hepatomegalia leve y lisa. Durante el 2º semestre de vida (al año) comienzan con prurito intenso y liquenificación de la piel de manos y pies, además de xantomas confluentes de localización en flexuras, periorificial y zona del pañal. La evolución natural de la colostasis que desarrollar es la de evolucionar el proceso a un raquitismo, fracturas de repetición, retinopatía pigmentaria, arreflexia, estrabismo, malnutrición severa y tendencia a hemorragias por deficit de vitamina K. Por ello, deben ser remitidos a Nutricionista para que le administren complementos nutricionales y vitaminas. Tiene hiperbilirrubinemia, hipercolesterolemia, aumento de la gammaglutamil transpetidasa (GGT) y elevación leve de transaminasas. El diagnóstico de certeza se alcanza cuando tiene al menos 3 de los siguientes rasgos: disminución de los conductos biliares interlobulares, estenosis periféricas a nivel de la arteria pulmonar, embriotoxon posterior, vértebras en mariposa, facies peculiar o antecedente familiar de Sd Allagile. El tratamiento suele está basado en fenobarbital, resincolestiramina, ácido ursodesoxicólico y taminas. En algunos casos tiene lugar acolia refractaria al fenobarbital y suele estar asociado a atresia de la vía biliar extrahepática, que aunque puedan ser sometidos a una portoenteroanastomosis generalmente van a precisar un TH.

Los niños con colestasis precoz suelen tener una mala calidad de vida, debido a la malabsorción, malnutrición, prurito e hiperlipemia, asociada en la exploración a hepatomegalia lisa y firme sin esplenomegalia. En el 50% de los niños se tiene que lle gar a un TH por colostasis severa asociada a hipertensión portal o insuficiencia hepatocelular. La biopsia hepática preTOH muestra una cirrosis hepática o fibrosis portal asociada a ausencia de conductos biliares interlobulares. Otros niños evolucionan con prurito moderado y subictericia, asociada a tetralogia de Fallot, estenosis pulmonares y nefropatías. Estos casos más leves van a precisar el TH sólo en un 15%, ya que durante la adolescencia el prurito mejora, así como la hiperlipemia.

El TH cuando se indica es porque el paciente tiene muy mala calidad de vida por los síntomas (efectos cardiovasculares, retraso crecimiento, infecciones graves). Siempre que se pueda es recomendable esperar a proponerlo para TH con al menos 3 años de edad. Debe ser evaluada la existencia de estenosis periférica de la arteria pulmonar, así como alteraciones renales (duplicidades, reflujo vesicoureteral, riñón en herradura, hipoplasias severas). Por debilidad del hueso parietal tienen mayor riesgo de fracturas parietales y hematomas subdurales.

Las colestasis intrahepática familiar progesiva se caracteriza por una alteración en la secreción de ácidos biliares y formación de ácidos biliares tóxicos, siendo el hígado el único órgano afectado. Suelen debutar en el periodo neonatal o lactante con ictericia e hipocolia asociada a prurito severo. Hepatomegalia dura, lisa con ligera esplenomegalia. Suelen tener un deterioro nutricional caracterizado por un retraso de talla progresivo y refractario con diarrea crónica. También pueden presentar tos, sibilancias, epistaxis con coagulación normal y telangiectasias malares.

Las colestasis intrahepática familiar suele tener un patrón clinico símilar a la enfermedad de Byler con GGT y colesterol normales en un 70%. La biopsia hepática presenta transformación gigantocelular con desaparición de conductos biliares interlobulares en el 70% con fibrosis portal y esclerosis pericentral. Los síntomas pueden mejorarse con el uso de ácido ursodesoxicólico, rifampicina, fenobarbital o resincolestiramina. Se indica el TH cuando existe desnutrición severa nutricional, prurito incontrolable o deterioro significativo del crecimiento. EL TH normaliza la función hepático-biliar sin recidiva post-TH, sin embargo, en ocasiones después del TH puede aparecer una diarrea crónica caracterizada por esteatorrea y repercusión nutricional.

El deficit de alfa-1-antitripisina se debe a la presencia de una mutación en la posición 342 en el cromosoma 14, basada en la sustitución de lisina por glutámico, que es responsable de que no pueda ser segregada la alfa-1-antitripsina por el hígado, la cual se acumula intracelularmente. Cuando alcanzan la adolescencia, el déficit de alfa-1antitripsina pulmonar conlleva un exceso de elastasas de neutrófilos pulmonares.La electroforesis distingue la presencia de 3 fenotipos (alelo M o normal, alelo S o lento y alelo Z o muy lento). Existe un deficit severo cuando tienen un fenotipo homozigoto PiZZ.

El diagnóstico precisa de la biopsia hepática con detección de glóbulos de alfa1antitripsina en la inmunohistoquímica y determinación del fenotipo PiZZ. Puede emplearse en los pacientes con enfisema (fases más avanzadas como adolescencia) aporte exógeno de alfa1antitripsina, complementos nutricionales, suplementos de vitaminas liposolubles, fenobarbital. La persistencia de ictericia después del 6º mes de vida es un signo de mal pronóstico. Suele indicarse el TH con la aparición de signos de hipertensión portal o insuficiencia hepatocelular y que puede oscilar desde los pocos meses de vida hasta los 16 años con una media de 11 años.

La tirosinemia tipo I se caracteriza por un déficit de fumarilacetoacetasa, lo que lleva a una hepatopatía crónica progresiva, disfunción tubular renal con raquitismo hipofosfatémico y un síndrome similar a la porfiria. Existe una forma aguda (la más frecuente) que acontece por insuficiencia hepatocelular en los primeros meses de vida. A partir del 6º mes aparece un retraso ponderal, raquitismo, hepatomegalia, coagulopatía (forma subaguda) y menos frecuente (forma crónica) a partir del 1º año de vida, raquitismo, hepatomegalia y retraso crecimiento. Las lesiones hepáticas y renales se deben a la toxicidad de metabolitos como succinilacetona y succinilacetoacetato. La biopsia hepática se caracteriza por fibroesteatosis con disposición pseudoglandular y rosetoide de los hepatocitos. Suelen tener megariñones con nefrocalcinosis.

Para su diagnóstico se suele solicitar la presencia de succinilacetona en sangre u orina (patognomónico de tirosinemia), que debe sospecharse cuando evidenciamos un descenso de la actividad de la uroporfobilinógeno sintetasa en sangre. También suele existir una deficiencia de fumarilacetoacetasa en fibroblastos de la piel. Debe reducirse la ingeta dietética de los aminoacidos de tirosina y fenilalanina (90 mg/kg/dia en ninos pequeños y 900 mg/dia en mayores). Esta restricción dietética no previene el desarrollo futuro de cirrosis o hepatocarcinoma. El fármaco NTBC puede reducir los metabolitos tóxicos resultantes en la tirosinemia, empleando un inhibidor de la enzima 4-hidroxifenilpiruvato diogenasa. Los niños suelen manifestar la clinica antes de los 6 meses y existe un riesgo de hepatocarcinoma de hasta un 35% en mayores de 2 años. Pueden tener crisis de porfiria con mala calidad de vida asociada. El TH debe ofertarse en todas las formas agudas y cuando haya fracaso del empleo del NTBC o evolución a hepatocarcinoma.

La enfermedad de Wilson es autosómica recesiva con mutación localizada en el cromosoma 13, que conlleva a una alteración del transporte del cobre, que se manifiesta por un acúmulo del cobre por deficit de excrección biliar. Inicialmente exceso hepático de cobre, que progresa a aumento del cobre libre con depósito del mismo en cerebro, ojo y riñon, debutando clínicamente en la infancia.

Las manifestaciones neurológicas aparecen el adulto (74%) y están asociadas a enfermedad hepática. La biopsia hepática muestra un aumento del cobre hepático (más de 250 microgramos por gramo de tejido seco. Tiene niveles plasmáticos bajos de ceruloplasmina cupremia baja y cupruria en torno al 80%. Tienen un anillo de Kayser-Fletcher en un 19%. Suele emplearse la D-penicilamina, Wilzin o trienterina. La hipertensión portal puede mejorar con la D-penicilamina, pudiendo mejorar los parámetros relacionados con la función hepática en 6 meses de tratamiento con ella. El TH se sugiere cuando los pacientes se descompensan de su cirrosis hepática o en caso de fallo hepático fulminante con hemolisis o fallo renal, éstos últimos con una mortalidad en torno al 100% si no se procede al TH. Estos paciente deben ser evaluados antes del TH de su función renal, ya que puede tener una tubulopatía proximal, descenso del flujo plasmático renal y reducción del filtrado glomerular, así como cardiológica (riesgo de presentar arritmias y miocardiopatía hipertrófica).

La fibrosis quística se produce por mutación del gen CFTR (proteina reguladora de la conductancia transmembrana), responsable del transporte de Cloro. Presentan secrecciones viscosas con alteración del transporte de iones, lesiones pulmonares y pancreáticas, obstruyendose con moco y proteinas. Los conductos biliares se obstruyen con moco viscoso y tiene una afectación segmentaria parcheada (cirrosis biliar focal), lo que puede llevar a escaso deterioro de los parámetros hepáticos analíticos hasta fases evolucionadas.

La cirrosis biliar focal suele aparece enre un 20-50% en mayores de un año, llegando en la edad adulto a un 75%. Se asocia neumopatía e insuficiencia pancreática, así como aparición de signos de hipertensión portal o insuficiencia hepática, que son claras indicaciones para un TH. Deben evaluarse la presencia de neumopatía, cardiopatias, diabetes mellitus y obstrucción intestinal.

La glucogenosis tipo I se produce por déficit de la glucosa 6 fosfatasa, lo que lleva a una alteración del metabolismo del glucógeno. Se trata de una enfermedad sistémica con alteraciones hepáticas y renales, caracterizada por gran hepatomegalia, hipoglucemia severa, acidosis, crisis convulsivas, hiperlipemia, hiperuricemia, trombopatía e hipercalciuria. La biopsia hepática permitirá el estudio del deficit enzimático. Deben evitarse las hipoglucemias con tomas frecuentes de alimentos y nutrición enteral continua nocturna. A partir de los 2 años es recomendable asociar a la dieta almidón de maíz crudo, debiendo excluirse la fructosa y sacarosa de la dieta. No se desarrolla la cirrosis ni insuficiencia hepática, pero sí manifestaciones multisistémica con afectación renal y cardiovascular con acidosis y trastorno del metabolismo proteico y lipídico. Pueden tener adenomas hepáticos que pueden presentar focos hemorrágicos o degenerar con el tiempo.

La glucogenosis tipo III se debe al deficit de la enzima amilo 1,6 glucosidasa, que genera una afectación hepática, muscular y cardiaca. La hipoglucemia es menos severa. Pueden desarrollar infrecuentemente hipertensión portal y fibrosis portal. Una de las causas de muerte son arritmias malignas por cardiomiopatía secundaria. EL TH se indica cuando el niño desarrolla hipertensión portal.

La glucogenosis tipo IV se debe al deficit de la enzima amilo1-4,1-6 transglucosidasa, por lo que no existe hipoglucemia como en la glucogenosis tipo III y I. Su evolución natural sí es a desarrollar cirrosis hepática e hipertensión portal, que cuando ocurre está claramente indicado el TH.

La enfermedad de Crigler-Najjar tipo I se produce por deficit de la enzima glucuroniltransferasa, que es un trastorno severo con incapacidad para conjugar la bilirrubina hepática, lo que lleva al desarrollo de encefalopatia hepática de forma precoz.

En la enfermedad por deficit de ornitin transcarbamilasa (OTC) o de la carbamilfosfatosintetasa (CPS), con alteración del ciclo de la urea, los pacientes desarrollan lesiones neurológicas por hiperamoniemia.

En la hipercolesterolemia familiar homocigota, en la que hay un deficit de receptores hepáticos para la LDL-colesterol, el exitus sin TH suele ocurrir en la 2° década de vida.

La oxalosis tipo 1 y 2 se debe a un trastorno del metabolismo del oxalato, caracterizado por nefrocalcinosis y nefrolitiasis asociada a insuficiencia renal terminal, que no se resuelve con un trasplante renal, sino mixto. Todas estas enfermedades metabólicas de la infancia, muchas de ellas, no causan cirrosis, por lo que se pueden beneficiar de un TH auxiliar, que compensen la alteración congénita de déficit enzimático.

Constituyen contraindicacione absolutas para el TH en la infancia cuando existe un compromiso neurológico como en la enfermedad de Niemann-Pick, Gaucher, enfermedad peroxisomal, la presencia de metastasis hepática de una neoplasia con invasión extrahepática o neoplasia hepática con metastasis a distancia. Suele tener una menor tasa de supervivencia cuando el TH se realiza con menos de 1 año de edad, existe malnutrición severa o hay antecedente de cirugía abdominal previa.

Capítulo 5: Indicaciones de trasplante hepático en insuficiencia hepática aguda sobre hígado sano

Definimos fallo hepático fulminante o también llamado fallo hepático agudo, insuficiencia hepática aguda, hepatitis fulminante como un síndrome caracterizado por necrosis masiva de los hepatocitos que tiene lugar de forma busco en un hígado previamente sano, caracterizada de una insuficiencia hepatocelular severa, progresiva y con elevada mortalidad que puede oscilar entre un 60-90%, dependiendo de la etiología.

Es preciso que aparezca encefalopatia hepática y un alargamiento del tiempo de protrombina, que si no se llega al TH, termina evolucionándo a fallo multiorgánico con muerte del paciente. Existen diferentes clasificaciones, destacando la de Trey-Davidson que habla de hepatitis fulminante si la aparición de la encefalopatia hepática desde la aparición de ictericia es inferior a 2 semanas y subfulminante si es superior a las 2 semanas. La clasificación de Schalm define el fallo hepático hiperagudo (0-7 días o 1º semana), fallo hepático agudo si ocurre desde final 1º semana a 28 días y fallo hepático subagudo si la aparición de la encefalopatia hepática ocurre habiendo trascurrido más de 5 semanas de la aparición de la ictericia. En los pacientes con fallo hepática hiperagudo la encefalopatía hepática suele progresar muy rapidamente y suele caracterizarse con edema cerebral, sin embargo, en el fallo hepático subagudo el edema cerebral es más infrecuente, pero tiene peor pronóstico.

En España la etiología más frecuente de fallo hepático fulminante es la vírica (la más frecuente es la hepatitis aguda B), seguida de toxico-medicamentosas, vasculares, metabólicas o incluso etiologia desconocida. La hepatitis fulminante puede ocurrir menos frecuente con los virus A,D y E, siendo muy infrecuente por el virus de la hepatitis C. Los países anglosajones la causa más frecuente es el consumo de acetaminofén o paracetamol. También pueden ser responsable fármacos como los tuberculostáticos (isoniazida o rifampicina), anestésicos (halotano), antitiroideos (tiouracilos), metildopa, difenilhidantoina, tetraciclinas, etc. Destacamos tóxicos industriales como tetracloruro de carbono, tricloroetileno, nitropropano. La ingesta de setas, sobre todo Amanita Phalloides puede ser responsable también. Las hepatitis isquémica pueden llevar a un fallo fulminante por hiperperfusión prolongada y severa, tales en episodios de shock, insuficiencia cardiaca congestiva, síndrome de Budd-Chiari agudo, trombosis portal aguda o trombosis o ligadura de la arteria hepática. También ocurre en enfermedades metabólicas como enfermedad de Wilson y enti dades más infrecuentes como la esteatosis aguda del embarazo, infiltración maligna por linfoma, sepsis, etc. En un 20% de los casos se desconoce la etiología.

Se manifiesta por una insuficiencia hepática severa y progresiva caracterizada por ictericia y encefalopatia hepática. La encefalopatia hepática grado I se presenta cuando el paciente tiene irritabilidad, alteración de la personalidad y confusión; el grado II aparece letargia, trastornos del lenguaje y somnolencia; el grado III obnubilación, asterixis, incoherencia, confusión mental, respondiendo a estímulos verbales y dolorosos; y el grado IV hay ausencia de respuesta a estímulos verbales o dolorosos, además de convulsiones. El pronóstico es peor cuando el intervalo existente entre la aparición de la ictericia y la aparición de la encefalopatia hepática es mayor.

El edema cerebral aparece en el 80% de los sujetos que fallecen. Se producen por liberación de toxinas hepáticas al torrente circulatorio, aumento de la permeabilidad de la barrera hematoencefálica y un fallo de la autorregulación del flujo cerebral. Para prevenir mortalidad, es fundamental detectar precozmente la presencia de edema cerebral y la hipertensión intracraneal. Debemos pensar en ello, cuando el paciente que está conectado a un respirador con sedación profunda en la UCI, presenta hipertonía en las extremidades, convulsiones, hipertermia, alteraciones de reflejo pupilares.

Es fundamental monitorizar la presión intracraneal (PIC) en pacientes con encefalopatia hepática grado III o IV, con objetivo de mantenerla por debajo de 15-20 mm Hg, ya que de esa manera, conseguiremos una presión de perfusión cerebral óptima superior a 50 mm Hg, que resulta de la diferencia entre la presión arterial media y la presión intracraneal. La técnica más empleada es la de Camino, en la que se emplea un catéter de 2 mm en el espacio subudral. Hay que extremar los riesgos de infección y de hemorragia cerebral que puede producir de forma yatrogénica, teniendo esta última una incidencia entre 5-15%. La actividad cerebral debe ser también monitorizada con un electroencefalograma.

Se deben corregir la alteraciones de la coagulación que se vayan a producir en el fallo hepático fulminante, ya que el hígado es reponsable de sintetizar los factores de coagulación como fibrinógeno, protrombina, factores V, VII, IX y X, factores fibrinolíticos y antitrombina III. Tienen un riesgo mayor de presentar hemorragias digestivas, por lo que se recomienda el empleo de sucralfato e inhibidores de la secreción ácida. No debe administrarse de forma profiláctica factores de coagulación, salvo presencia de hemorragia activa o antes de maniobras invasivas.

Estos pacientes también tienen riesgo de alteraciones metabólicas, sobre todo la hipoglucemia, debido a una disminución de la neoglucogénesis y deplección de depósitos de glucógenos intrahepáticos. Por ello, deben emplearse sueroterapia basada en sueros glucosados. Debe controlarse los niveles de fosfatos y magnesio, que pueden disminuir. Es recomendable, además del control de glucemia con BM-test frecuentes, de gasometria arterial, ante el riesgo de acidosis metabólica por aumento de lactato por hipoxia celular. En caso producirse se corregirá con bicarbonato intravenoso y en algunos casos con diálisis.

No es infrecuente que el fallo hepático fulminante se asocie a insuficiencia renal aguda, que suele presentar una creatinina mayor de 300 milimoles por litro y oliguria con menos de 300 mililitros en 24 horas. Esto ocurre en el 70% del fallo hepático por paracetamol y en el 30% de otras etiologías. Su aparición es un signo de mal pronóstico y puede ser funcional o secundaria a necrosis tubular. Es recomendable monitorizar también la presión venosa central (PVC) para evitar el riesgo de edema pulmonar o cerebral.

Es habitual que el fallo hepático se asocie a hipoxemia arterial y síndrome distress respiratorio del adulto y existe mayor riesgo en estos paciente de neumonía aspirativa, infección bacteriana, hemorragia pulmonar y atelectasias. Si se produce edema pulmonar, el paciente precisará ventilación mecánica, evento que ocurre en un 40% de los casos.

En el fallo hepático fulminante los pacientes tiene un aumento del gasto cardiaco y vasodilatación periférica con hipoxia tisular con aumento del lactato. En pacientes con intoxicación por paracetamol se ha demostrado un efecto beneficioso de la N-acetilcisteina y en pacientes con shock séptico puede ser útil el empleo de antagonista del óxido nítrico (N-monometil-L-arginina). Estos paciente presentan además alteraciones inmunitarias, que los predisponen adquirir infecciones de origen entérico, algo que ocurre hasta el 50% de los casos, generalmente por bacilos gram negativos y hongos con alta mortalidad. Por ello, es recomendable cultivos rutinarios de esputo, sangre y orina para un diagnóstico precoz y el empleo de profilaxis antibiótica para descontaminación intestinal selectiva y antifúngicos.El fallo multiórgánico es responsable en muchos pacientes de su muerte en UCI.

Las esteatosis hepática aguda del embarazo tiene mejor pronóstico que los fallos hepáticos fulminante por drogas o tóxicos, sin embargo cuando la etiologia es una enfermedad de Wilson el pronóstico es muy malo. Tienen una mayor mortalidad los sujetos menores de 10 años y mayores de 40 años.La mortalidad cuando la encefalopatia hepática es de grado III es del 60%, mientras es del 90% cuando es grado IV. Un alargamiento del tiempo de protrombina y la presencia de déficit de factores de coagulación son también signos de mal pronóstico con alta mortalidad.

Pasamos ahora al tratamiento del fallo hepático fulminante, basadas en medidas de soporte empleadas en una UCI, como son la asistencia ventilatoria, alimentación enteral y parenteral, antibioterapia, monitorización cardiaca y de la PVC, hemofiltración o ultrafiltración, transfusión de sangre, plasma y hemoderivados, plaquetas, etc. Para ello, se cogerá una vía central para monitorizar la PVC, sonda vesical para monitorizar la diuresis y la perfusión y otra la nasogástrica para monitorizar el pH gástrico y riesgo de hemorragias digestivas, así como montirozación de la presión arterial y pulso. Se extraerán analíticas diarias con perfil básico, glucosa, coagulación, bioquimica hepática, iones, gasometria arterial, función renal. Diariamente también se calculará la puntuación del paciente en la escala de Glasgow.

En caso de encefalopatia hepática grado I o II, es recomendable una vigilancia en UCI, utilizando antídoto en caso de haberlo con monitorización cardipulmonar y renal. Como medida profiláctica del edema cerebral se elevará la cabecera de la cama

30°, con la cabeza semiflexionada y evitando la hipervolemia. Si el paciente se agitara, indicaríamos la sedación.

Si el grado de encefalopatia hepática es grado III o IV suele ser precisa la intubación orotraqueal con ventilación mecánica y monitorización invasiva de la presión intracraneal. Si la presión intracraneal (PIC) es mayor de 20-25 mm Hg iniciaremos la hiperventilación, con objetivo de conseguir una presión de CO_2 inferior a 32 mm Hg y administraremos solución intravenosa de manitol al 20% (0,5-1 gramo por kilogramo de peso) a pasar en 20 minutos. Si el paciente tiene insuficiencia renal aguda, no será posible emplear manitol, por lo que tendremos que emplear la furosemida e incluso en algunos casos la diálisis. Éste también está contraindicado cuando la osmolaridad plasmática es mayor de 320 miliosmoles por litro.

Ante el riesgo potencial de edema pulmónar, es recomendable colocar un cateter en arteria pulmonar (Swan-Ganz). Es conveniente también el uso de antibióticos profilácticos de amplio espectro por vía parenteral, ya que la infección es la causa más frecuente de muerte en estos pacientes, o bien el empleo de antibióticos orales para la descontaminación intestinal selectiva., así como de antifúngicos profilácticos. Debido al catabolismo seve ro de estos pacientes, es recomendable comenzar con nutrición enteral o parenteral si hay ileo paralítico asociado. La encefalopatia hepática deberá ser tratada con enemas de lactulosa, lactulosa oral, lactitol oral y dieta de restricción proteica.

Los fármacos y drogas que se han asociado a fallo hepático fulminante son: isoniazida, sulfonamidas, fenitoina, propiltiouracilo, halotano, disulfiram, ácido valproico, amiodarona, dapsona, didanosina, alopurinol, metildopa, rifampicina, efavirenz, metformina, ofloxacino, troglitazona, diclofenaco, lisinopril, ácido nicotínico, imipramina, anfetaminas, éxtasis, ketoconazol, labetalol y flutamida.

La biopsia hepática muestra una necrosis hepática confluente masiva o submasiva. Suele tener colostasis dictular intensa con proliferación ductular (colangitis lenta). La inflamación es mínima o ausente con la hepatoxicidad por paracetamol. La presencia de abundantes eosinófilos orienta a etiologia autoinmune o hipersnsibilidad por fármacos. Es típica del fallo hepático la presencia de grasa de tipo miscelar, que requiere tinción con aceite rojo-O o sudán, así como balonización de hepatocitos. Puede ser útil la biopsia hepática cuando se sospeche hepatitis autoinmune o infección por virus herpes simple, que permitiría un tratamiento específico para estas entidades.

La N-acetilcisteina ha mejorado la hemodinámica cerebral y sistémica de estos pacientes, mejorando además, el gasto cardiaco y el consumo y transporte de oxígeno, por lo que se usa de forma generalizado en el fallo hepático fulminante.

También se dispone de tratamientos de soporte temporal como son la hemofiltración con membranas de alta permeabilidad, la hemoperfusión con columnas de carbón activado y la plasmaféresis, que tienen una utilidad limitada. Otra técnica empleada es el hígado bioartificial. También se han empleado sistema basados en la utilización de hepatocitos de origen porcino o humanos, frescos o cultivados, que han conseguido en algunos casos disminuir la presión intracraneal, mejorar la hiperemeia cerebral, disminuyendo las necesidades de vasopresores al mejorar el consumo de oxígeno.

Cualquier paciente con fallo hepático fulminante debe ser trasladado de inmediato a un centro hospitalario, donde exista un programa de TH. Puede realizarse un trasplante heterotópico o trasplante auxiliar, que pretende estabilizar al paciente hasta que se produzca la regeneración del propio hígado. Normalmente el inherto es un hígado pequeño o un lóbulo hepático izquierdo de un hígado normal. Puede ser heterotópica o ortotópica, una vez resecado parcialmente el hígado enfermo. El trasplante ortotópico hepático ha cambiado el pronóstico de esta entidad con tasas de supervivencia variables según etiología, momento del TH, edad del paciente, calidad del injerto y compatibilidad del grupo sanguíneo, que varían entre un 60-90%.

Estos pacientes pueden ser incluidos en lista de espera como urgencia 0. El grupo del King´s College ha establecido como parámetros de riesgo los siguientes datos en pacientes con fallo hepático fulminante por paracetamol: la presencia de un pH inferior a 7.3, independientemente del grado de encefalopatia hepática y la presencia de un tiempo de protrombina mayor de 100 segundos con un INR mayor de 7 y creatinina sérica mayor de 300 milimoles por litro (3,4 miligramos por decílitro) en pacientes con encefalopatia hepática grado III y IV. La supervivencia en pacientes con encefalopatia hepática con fallo fulminante hepático producida por paracetamol es mayor que para otras etiologias.

La acidosis severa se asocia a una mortalidad del 95%, mientras que si presenta alguna de las siguientes situaciones es del 55% en el fallo hepático producido por una etiologia distinta al paracetamol (tiempo de protrombina mayor de 100 segundos con INR mayor de 7, independientemente del grado de encefalopatia hepática; cuando la etiologia es indeterminada, halotano; edad menor de 10 años y mayor de 40 años; periodo desde la aparición de la ictericia hasta el desarrollo de encefalopatia hepática de más de 7 dias; cifras de bilirrubina mayor de 300 milimoles por litro (18 mg/dl) o tiempo de protrombina mayor de 50 segundos con INR mayor de 3,5). Si aparece uno de estos criterios la mortalidad alcanza el 80%, mientras que si presenta 3 de ellos a la vez asciende al 95%.

Clichy establece como indicación para el TH la presencia de confusión o coma en pacientes con factor V inferior al 20% si es menor de 30 años de edad y si es menor del 30% en mayores de 30 años. El grupo de Pittsburgh establece que debe ser incluido en lista de espera urgente 0 en caso de hepatitis fulminante y encefalopatia hepática grado III/IV. Es conveniente también valorar el tamaño hepático mediante TAC, de forma que si el volumen hepático es inferior a 700 centímetros cúbicos, se considera que el paciente debe ser incluido en lista de espera para trasplante urgente, mientras que si su volumen hepático está comprendido entre 700-900 centímetros cúbicos se iniciará tratamiento conservador según evolución. Otro dato que puede ayudar a establecer un TH urgente se basa en los hallazgos histológicos tras una biopsia hepática, de forma que si el porcentaje de necrosis supera el 50% en ambos lóbulos se debe indicar un TH urgente.

Debemos contraindicar un TH en caso de fallo hepático fulminante cuando la presión de perfusión cerebral sea inferior a

40 mm Hg durante más de 2 horas; cuando la presión intracraneal sea superior a 50 mm de Hg de forma mantenida y refractaria a tratamiento médico; complicaciones graves e incontrolables como la presencia de shock séptico, distress respiratorio, daño cerebral irreversible; o bien una evolución favorable con tratamiento conservador y médico con mejoría espontánea de la función hepática.

F.M. Jiménez

Capítulo 6: Manejo del donante: muerte encefálica y preservación hepática hasta el trasplante

La mayoría de las extracciones de órganos se realizan en muerte cerebral y corazón latiente, siendo la extracción en asistolia relativamente infrecuente. Para su realización es imprescindible confirmar el diagnóstico de muerte encefálica y asegurar el mantenimiento hemodinámico del fallecido hasta el momento de la extracción, para que el injerto a trasplantar se encuentre en las mejores condiciones posibles.

La muerte encefálica se define como el cese irreversible de las funciones respiratorias y cardiovasculares, o bien el cese irreversible de todas las funciones cerebrales, incluyendo el tronco cerebral. La determinación de muerte debe realizarse de acuerdo con los estándares médicos aceptados.

Para el diagnóstico de muerte encefálica se deben cumplir 3 requisitos: presencia de una lesión estructural de etiologia conocida, con constatación de situación irreversible y ausencia de otras patologías que puedan simular la muerte encefálica; demostración del cese completo de las funciones cerebrales y troncoencefálicas; pruebas diagnósticas que confirmen el cese de las funciones cerebrales mediante un electroencefalograma con trazado isoeléctrico durante 30 minutos o la ausencia de circulación cerebral con angiografía convencional o isotópica, estudio de perfusión cerebral isotópica, Doppler transcraneal o angio-resonancia magnética y potenciales evocados.

Es preciso que se cumplen una seria de prerrequisitos diagnósticos, destacando que la causa de la lesión mortal debe estar totalmente documentada y segura. La lesión debe ser de naturaleza destructiva del tejido cerebral (hemorragia, traumatismo, tumor, infarto, anoxia, ixquemia o encefalitis). El coma no debe ser de causa desconocida o en caso de coma tóxico, medicamentoso o metabólico que pueda revertirse o en estado de hipotermina.

Se recomienda que el periodo mínimo entre el inicio de la agresión y el diagnóstico de muerte encefálica sea de al menos 6 horas. Para los niños menores de 2 años este intervalo debe incrementarse a 48 horas si el bebe tiene entre 1 semana y 2 meses de vida, a 24 horas si el bebe tiene entre 2 meses y 1 año, a 12 horas si tiene una edad de mas de 1 año sin el daño es irreversible aparentemente, y si tuviera más de 1 años pero la causa de la muerte es hipóxica deberá ser dicho intervalo de al menos 24 horas.

Para el diagnóstico de muerte cerebral es necesario un coma de etiologia conocida, de carácter estructural e irreversible. Deberán ser excluidos para el TH si la causa de la muerte cerebral es por hipotermia severa inferior a 32,2 °C, shock de cualquier etiologia, enfermedades metabólicas como fallo hepático, hipoglucemia, hipofosfatemia, o que se hayan empleado drogas depresoras del sistema nervioso central.

Confirmaremos en la exploración física la ausencia de funciones cerebrales con coma profundo arreactivo sin respuesta ni receptividad, así como ausencia de actividad del tronco cerebral (ausencia de los reflejos fotomotor, corneal, oculocefálicos, oculovestibulares, reflejos tusígenos, nauseosos, ausencia de respiración espontánea y test de atropina negativo.

Nos ayudaremos de exploraciones instrumentales confirmatorias de muerte encefálica, tales como electroencefalograma, potenciales evocados, espectroscopia por resonsancia magnética del fosforo 31. Valoraremos el flujo sanguíneo intracraneal mediante angiografía cerebral con contraste, angiografía cerrebral isotópica, sonografía doppler transcraneal, tomografía computerizada con xenón, medición de la presión intracraneal y de la presión de perfusión cerebral, ultrasonografía craneal en tiempo real, estudio de la onda de pulso de la arteria carótida común, tomografía computerizada de secuencia rápida con análisis tiempo-densidad, tomografía computerizada con bolo de contraste, ecoencefalografía, estudio del flujo sanguíneo de la arteria oftálmica entre otras pruebas.

El paciente tiene que estar en coma profundo con hipotonía completa sin reactividad motora o vegetativa ante el dolor provocado sobre un nervio del territorio craneal. La existencia de reflejos espinales son bástantes frecuentes en la muerte encefálica y no tienen que tenerse en cuenta.

Para confirmar la ausencia de respiración espontánea se realiza el test de apnea, que se realiza desconectando del respirador durante 10 minutos y se intenta que que la Presión arterial de oxígeno alcanzada sea la máxima para alcanzar el estímulo sobre el centro respiratorio, generalmente por encima de los 50 mmHg. Las pupilas deben estar intermedias o midriáticas con ausencia de reflejo fotomotor. Ausencia de otro reflujos del tronco cerebral.

Tenemos que tener en cuenta que se pueden producir errores en el diagnóstico de muerte cerebral, como es el caso de drogas anticolinérgicas intravenosas o tópicas, uso de bloqueantes neuromusculares o enfermedad local preexistente, caracterizado de pupilas paralíticas. Los refejos oculovestibulares están ausentes en caso de agentes ototóxicos, anticonvulsivantes, antidepresivos, intoxicación por etanol. Puede existir incluso ausenciad e respiración espontánea en caso de apnea posthiperventilación, bloqueantes neuromusculares o uso de drogas depresoras del sistema nervioso central. Puede existir ausencia de actividad motora en caso de blo queantes neuromusculares, síndrome de enclaustramiento o drogas depresoras del sistema nervioso central.

La exploración clínica y física constituye el "gold standard para el diagnóstico de muerte encefálica, aunque las pruebas diagnósticas confirmatorias nos pueden ayudar a acelerar este diagnóstico. Entre ellas destacamos:

A) Electroencefalograma: estudia la actividad electrica de la corteza cerebral y debe ser isoelectrico. Esta prueba es, como todas las demás pruebas confirmatorias, de apoyo y nunca sustitutivas de la exploración física.

B) Potenciales evocados: valoran la reactividad del sistema nervioso frente a determinados estímulos sensorales (luminosos, auditivos o eléctricos). Los más frecuentes son los potenciales evocados auditivos troncoencefálicos (PEAT) y los somatosensoriales (PES). Ninguno de ellos se ve artefactado por la hipotermia o drogas depresoras del sistema nervioso central.

C) Angiografia cerebral con contraste (cuatro vasos), que la más valida, demostrandose desde una ausencia total de la circulación intracraneal o valoración de la circulación en polígono de Willis.

D) Angiografía cerebral isotópica basada en gammagrafía cerebral: se puede hacer en la cabecera del paciente, inyectando el isótopo por via intravenosa y se observa ausencia de captación cerebral en la muerte encefálica.

E) Sonografía doppler transcraneal (SDTC): es una prueba barata, no invasiva que puede realizarse, al igual que la anterior, en la cabecera de la cama y repetirse en varias ocasiones. Cuando hay muerte encefálica se produce una onda sistólica de pequeña amplitud seguida de una onda diastólica invertida. Es típico de l amuerte encefalica la presencia de un flujo diastólico retrógrado o ausente en un paciente comatoso en más de una arteria intracraneal con altas tasas de especificada y sensibilidad.

F) Tomografía computerizada con xenón: mide cuantitativamente el flujo sanguíneo cerebral de forma no invasiva. Tiene elevado coste, por lo que es escasamente empleada.

En España la legislación de muerte cerebral se recoge en el Real Real Decreto 420/1980, de 22 de Febrero, por el que se desarrolla la Ley 30/1979, de 27 de octubre, sobre extracción y trasplantes de órganos. En él se indica que el diagnóstico muerte cerebral debe realizarse por 3 médicos que no formen parte del equipo de trasplante, uno de los cuales será un neurólogo o neurocirujano. Para que el diagnóstico sea firme será preciso que se constate durante al menos 30 minutos y persistencia 6 horas después del comienzo del coma de ausencia de respuesta cerebral con pérdida absoluta de conciencia, ausencia de respiración espontánea y ausencia de reflejos cefálicos con hipotonía muscular y midriasis, presencia de electroencefalograma plano demostrativo de inactividad bioelectrica cerebral. Estos signos no seran firmes si el paciente ha muerto en condiciones de hipotermia o uso de drogas depresoras del sistema nervioso central.

El potencial donante se seleccionará con una historia clinica y social del fallecido, realización de estudio analíticos y serológicos (analitica con grupo sanguíneo y Rh, hemograma, bioquimica básica, renal e hidroelectrolitica, coagulación, calcio, amilasa, bioquimica hepática, CPK, CPK-MB, si fuese donante mixto cardiaco y hepático, osmolaridad, gasometria arterial, sistemático de orina, proteinuria, iones, osmolaridad, test de gestación, que si fuese positivo se solicitaría los niveles de hormona gonadotrofina coriónica en sangre. Se realizarán tambien estudio serológico basado en tres hemocultivos, urocultivo, cultivo de aspirado traqueal, serologia de lues, de hepatitis B y C, anti-VIH, citomegalovirus, toxoplasma. Se hará diferentes pruebas de imagen como electrocardiograma, radiografía de tórax, ecografia de abdomen.

Tras la muerte encefálica, una vez realizado el diagnsotico legal de la misma se debe obtener la autorización familiar y judicial, ésta última en caso de muerte violenta, es fundamental el mantenimiento de fallecido para que los órganos que vaya a donar se encuentren en las mejores condiciones posibles hasta el momento de la extracción.

Tras la muerte se produce trastornos cardiovasculares y edema agudo de pulmón, además de alteración de la regulación vasomotora con tendencia a la hipotensión, alteración de la secreción hormonal y cambios hidroelectrolíticos, ausencia del control temperatura corporal. Es fundamental, por tanto, alcanzar una estabilidad hemodinámica, oxigenación adecuada, corrección de arritmias posibles, de los trastornos hidroelectrolíticos producidos, el desarrollo de diabetes insípida e hipotermia.Para ello, deberemos monitorizar el cadaver con electrocardiograma, tensión arterial, presión venosa central, diuresis, gasometria arterial, saturación de oxígeno con pulsioximetria, temperatura, cateterismo cardiaco con cateter de Swanz-Ganz.

Para la correcta preservación del injerto deberemos intentar que el cadaver potencialmente donante debe mantener una frecuencia cardiaca igual o inferior a 100 latidos por minuto, una tensión arterial sistólica igual o superior a 100 mm Hg, una presión venosa central entre 10-12 centímetro de aguda, una PCP comprendida entre 8-14 mm Hg, una diuresis superior a 1 centímetro cúbico por kilogramo de peso y hora en adultos y superior a 2 centímetros cúbicos por kilogramo de peso y hora en niños e inferior siempre a 4 centímetros cúbicos por kilogramo de peso y hora, una temperatura superior a 35 º C, una gasometria arterial con pH entre 7,35 y 7,45, con una presión arterial de oxígeno igual o superior a 100 mm Hg y una presión arterial de CO_2 comprendida entre los 35 y 45 mm de Hg, así como un hematocrito igual o superior al 30% o del 35% si es donante multiorgánico.

Para la rehidratación es necesario que se empleen cristaloides tipo Ringer Lactato o suero salino al 0,9% alternando con salino 0,3%, o bien, coloides. La acidosis se corregirá empleando bicarbonato intravenoso 1/6 Molar. Como drogas inotrópicas podremos emplear: dopamina a dosis beta (menos de 5 microgramos por kilogramo de peso y minuto); dobutamina a dosis de 2-10 microgramos por kilogramo de peso por minuto; o noradrenalina a dosis de 2-5 microgramos por minutos o epinefrina a dosis de 0,1 microgramo por kilogramo de peso y minuto. Si con dopamina no se mantiene la tensión arterial estable, asociadar dobutamina. Si con esta asociación no es suficiente asociar noradrenalina durante el menor tiempo posible. Si fuese necesario podemos emplear epinefrina.

En caso de bradiarritmias no es útil la atropina, por lo que deberemos usar la dopamina o epinefrina. En caso de arritmias ventriculares usar el bretilio. Utilizaremos un respirador como soporte respiratorio, intentando mantener una presión arterial de oxígeno superior a 100 mm Hg, empleando PEEP bajas para evitar atelectasias.

La diuresis se mantendrá con sueros anteriormente indicados y si no responde se empleará la furosemida. Como consecuencia del déficit de la hormona antidiurética, se produce aumento de la diuresis e hipernatremia, que trataremos con Desmopresina o vasopresina. Para mantener la temperatura es adecuado el uso de mantas térmicas y que se calienten a temperatura ambiente los sueros. La hiperglucemia la controlaremos con insulina y será recomendable también el uso de antibioticos de amplio espectro.

F.M. Jiménez

Capítulo 7: Fases quirúrgicas en el trasplante hepático

En 1963 se hizo el primer trasplante hepático en humanos, la técnica quirúrgica ha evolucionado y podemos establecer una serie de pasos: valoración macroscópica del higado donante e inspección cavidad abdominal. Se debe hacer una biopsia hepática para estudio anatomopatológico. La consistencia y aspecto del injerto son importante. Si se constata validez del injerto, se realizará la maniobra de Catell y se diseca la vena cava inferior, identificandose la arterioa mesentérica inferior que se liga, así como disección ce la vena cava inferior y se aisla la aorta con dos ligaduras. Se aislará la aorta yuxtadiafragmática. Se podrá emplear la técnica de extracción rápida.

La fase de canulación comenzará con la heparinización del donante a dosis de 3 mg por kilogramo. Posteriormente se iniciará la perfusión de la solución de preservación y se procederá al enfriamiento hepático.La perfusión con solución de UW fría se ralizará con 2-3 litros por la aorta y 2-3 por vena mesentérica superior.

Se extraerá con sección del ligamento falciforme y ligamentos triangulares, seccinando la vena cava superior y el diafragma que la rodea y vena cava inferior. Se disecará la arteria hepática y se recogeran los injertos vasculares iliacos, ganglios mesentéricos y tejido esplénico.

Una vez que se extrae el injerto hepático debe ser envalado en una triple bolsa de plástico estéril, sumergido en solución de preservación y guardado en nevera en condiciones de hipotermia. El liquido de preservación empleado es la solución de Belzer o solución de la Universidad de Wisconsin (UW), con la que se consigue la preservación hepática en condiciones de hipotermia a 4° C hasta un máximo de 24 horas. No es recomendable, por lo general, superar las 16 horas de isquemia fria, ya que se ha asociado a mayor mortalidad. Otra solución de preservación es la de Euro-Colins, que tiene un tiempo de preservación menor de 6-8 horas.

La exclusión vascular del hígado para implantar el injerto interrumpe el flujo de la vena cava inferior de la porta, reduciéndose el retorno venoso e índice cardiaco a la mitad,, lo que conlleva la activación de los barorreceptores arteriales, lo que lleva a una rápida respuesta vasopresora por medio del sistema nervioso simpático , produciendose también un ascenso del índice de resistencias vasculares sistémicas que permite reestablecer la presión arterial media. Si esta compensación hemodinámica no se consigue podemos realizar el by-pass venovenoso, que mediante una bomba deriva el flujo de sangre procedente de la vena cava infrahepática y porta hacia las venas axilar o yogular a un flujo promedio de 30 mililitros por kilogramo de peso y minuto, permitiendo que el índice cardiaco descienda sólo entre un 20-30%. Esta es una posibilidad para mantener la estabilidad hemodinámica en la fase anhepática, mientras que en otros centros se emplean fármacos inotrópicos.

Otra posibilidad para mantener la estabilidad hemodinámica es realizar la técnica de preservación de la vena cava inferior o piggy-back, que una de las más extendidas. Con ella la interrupción del flujo portal es posible sin descender el índice cardiaco más de un 20%. Esta técnica es la preferida respecto al by-pass venovenoso, ya que tiene la ventaja clara en cuanto al consumo de concentrados de hematies, necesidad de apoyo farmacológico con inotrópicos y/o vasopresores, la diuresis o tiempo quirúrgico.

Durante el TH es necesario la transfusión masiva de hemoderivados. Generalmente se emplean concentrados de hematies para mantener el hematocrito en torno al 30%, plasma fresco para conseguir una tasa de protrombina próxima al 50% y crioprecipitados cuando el nivel de fibrinógeno es menor de 1,5 gramo por decílitro, transfundir plaquetas cuando su valor desciende de las 50000 mililitro cúbico. Es de gran utilidad la realización de una tromboelastografía, que ha permitido una reducción en el consumo de hematíes y plasma fresco, sin embargo, tiene que el inconveniente que lleva inherente un incremento de las necesidades de transfundir crioprecipitados y plaquetas.

Disponemos también de fármacos antifibrinolíticos como el ácido epsilon-aminocaproico, el ácido traxenémico y la aprotinina, que deben ser empleados cuando se detecta una hiperfibrinolisis severa. Estos además reducen el consumo de hemoderivados y acorta el tiempo de hemostasia quirúrgica. La tromboelastografía permite ajustar la mínima dosis eficaz de antifibrinolíticos necesaria para evitar posibles complicaciones trombóticas y permite disminuir las complicaciones asociadas a la politransfusión.

La técnica de Piggy-back deja la vena cava del receptor en su posición original, seccionándose el hígado a nivel de las venas suprahepáticas. Esto permite que una gran parte del flujo venoso procedente de la mitad inferior del cuerpo, incluido los riñones, llegue al corazón durante la fase anhepática. Esto va a llevar consigo que las alteraciones hemodinámicas sean menores, pudiéndose, así evitar en muchas ocasiones la realización de un by-pass venovenoso.

Tras haber realizado la disección del hilio hepático y haber expuesto los bordes laterales de la vena cava, se comienza la disección de la cara anterior de la vena cava, aquella parte en contacto con el hígado. A este nivel existen múltiples colaterales que reuieren su división entre ligaduras. La hipertrofia del lóbulo caudado dificulta la disección.

La disección se inicia a nivel de la cava infrahepática hasta llegar a la entrada de las vena suprahepáticas en la vena cava. La parte final de la disección se puede ver facilitada por la sección previa de la vena porta, que permite una mayor movilidad hepática, aunque con la desventaja de un mayor edema intestinal. Cuando la disección es compleja es aconsejable tener controlada la vena cava a nivel supra e infrahepático.

Tras haber seprado la vena cava del hígado y seccionado la vena porta, el hígado únicamente está sujeto por las venas suprahepáticas, procediéndose al clampaje y sección de las misma para terminar la hepatectomia. El "clamp" se coloca lo más alto posible en la unión de las venas suprahepáticas con la cava, produciéndose en ocasiones un clampaje parcial de la vena cava. La sección de las venas suprahepáticas se realiza dentro del parénquima hepático, para obtener la mayor cantidad posible de muñón de las venas para la posterior anastomosis.

Tras la sección de las venas suprahepáticas y la extracción del hígado, se abren los muños de las tres venas suprahepáticas o de dos de ellas, generalmente media e izquierda, suturándose el otro, en función del calibre del orificio resultante, y del tamaño de la vena cava del donante a anastomosar. En este sentido, hay que tener en cuenta que en ocasiones la circunferencia externa del orificio logrado por la unión de 2 de las venas suprahepáticas es suficiente, pero la circunferencia interna, a nivel de la unión con la vena cava, puede no serlo, formándose una especie de embudo que puede dar origen a un Budd-Chiari agudo en el post-operatorio inmediato, lo que se evitaría utilizando las tres venas suprahepáticas.

Una vez realizada la hepatectomia según la técnica de Piggy-back, antes de proceder al implante del injerto, se debe realizar una hemostasia cuidadosa de todas las zonas sangrantes de la fosa hepática. En la mayoría de los casos se consigue con bisturí electríco o coagulador de argón, pero en algunas ocasiones es necesario emplear puntos de sutura.

Posteriormente se coloca el injerto en la fosa hepática y se inicia el lavado con rigen lactato a 4°C a través de la vena porta para vaciar el injerto de aire, y de esa manera prevenir la embolia aérea, así como para dismismuir las altas concentraciones de potasio debidas a la solución de Wisconsin.

Mientras se lleva a cabo el lavado del injerto, se inicia el implante del nuevo hígado comenzando por la anastomosis de la vena cava suprahepática o de las venas suprahepáticas del receptor con la vena cava del donante, según la distinta técnica de hepatectomia realizada. No vamos a entrar en detalles sobre la técnica quirúrgica, pues esta guía está dirigida a hepatólogos o digestivo. Sin embargo, sí quiero tratar variantes de la técnica quirúrgica, que es conveniente conocer en caso de que el paciente receptor tenga una trombosis portal.

La trombosis de la vena porta es un desafío para el cirujano, ya que esto hace que estos pacientes sean considerados como de alto riesgo de complicaciones. La incidencia de esta entidad en el momento del TH varia entre del 2% y el 13%, dependiendo de la etiologia de la cirrosis. Por ello, es fundamental que todo paciente que vaya a recibir un TH dispongamos de una ecografía-doppler color previa al TH. Si fuese detectada esta entidad es conveniente realizar una venografía intraoperatoria, canulando la vena mesentérica inferior o la vena ileocólica para obtener un mapa vascular adecuado, o bien una eco-doppler color intraoperatoria.

Podemos tener 4 tipos de trombosis:

1. Trombosis del tronco común portal, respetando el eje mesentérico y la vena esplénica.

2. Trombosis de la vena porta y eje mesentérico, encontrándose permeable la vena esplénica.

3. Trombosis de la vena porta y vena esplénica, respetando el eje mesentérico.

4. Trombosis total de eje esplácnico.

Si existe una trombosis segmentaria de la vena porta debe realizarse una trombectomia simple si el trombo es reciente, o una tromboendarterectomia instrumental si está organizado, que se seguirán de una anastomosis directa. Si la trombosis se exitende a la unión de la vena mesentérica superior y vena esplénica será necesario la interposición de un injerto de vana iliaca del donante. Se prodcederá a la disección de la vena mesentérica superior en unos 3-4 cm por debajo del colon transverso, similar a la realizada en un shunt mesocava. El injerto se anastomosa termino-lateral y se desliza a través de un túnel en mesocolon transverso, que disucrre prepancreático y retropilórico, para anastomosarlo terminoterminal con la vena porta del donante. Debe realizarse la anastomosis arteral que la del injerto para disminuir el daño isquémico.

Capítulo 8: Tipos de trasplante hepático

Hoy podemos plantearnos diferentes tipos de trasplante hepático (TH): así contamos con el TH de donante vivo, el split liver o TH usando injertos parciales, el trasplante dominó, el trasplante hepático auxiliar, el trasplante combinado o incluso un retrasplante hepático en un paciente con rechazo o fallo primario del mismo.

El trasplante hepático de donante vivo resuelve el problema de la lista de espera, ya que si se establece la indicación, se puede programar la intervención con fecha concreta. La supervivencia al año suelo ser en torno al 80% y tiene una tasa de fracasos inferior al 15%, que suelen ser por trombosis vascular, disfunción primaria y sepsis. La complicación más frecuente son de origen biliar. Lógicamente el tiempo de isquemia fria es mucho más corto, normalmente en torno a sólo una hora, ya que el donante y el receptor se encuentra en la Unidad de quirófanos de un mismo centro hospitalario. Tenemos que destacar que como complicación técnica podemos encontrarnos el síndrome llamado "small for size liver syndrome", cuando hay un desajuste en los tamaños del hígado extirpado y el injertado y que es responsable de complicaciones biliares. La mortalidad del donante, aunque existe, es inferior al 1%.

Los TH usando injertos parciales (splilt liver) surge de la necesidad de disponer de varios injertos que pueden ser trasplantados a más de una persona, al seccionar el injerto. Se trata de técnicas de partición hepática. Generalmente en niños se suele emplear el segmento lateral izquierdo y en el adulto puede ser tanto el lóbulo hepático izquierdo como derecho.

El trasplante hepático dominó o secuencial consiste en el encadenamiento de 2 trasplantes hepáticos a partir de un único injerto procedente de cadaver Consiste en que un paciente afecto de hepatopatia crónica o tumor primario hepático (receptor dominó) recibe un injerto hepático completo procedente de un donante vivo, el cual generalmente padece una enfermedad metabólica se le implanta un injerto procedente de cadaver (donante dominó). Generalmente el donante dominó suele ser un paciente afecto de una polineuropatía amiloidótica familiar de tipo 1. Suele indicarse el TH antes de que se produzca un deterioro neurológico. El primer trasplante dominó se realizó en 1995 y se han ido incrementando su número. Portugal es un país que es pionero en este tipo de TH, debido a la mayor prevalencia de esta entidad. El receptor dominó

suele tener una edad media más avanzada, ya que el defecto metabólico del injerto hepático procedente de pacientes con esta
enfermedad metabólica lo porta. La polineuropatia en el receptor
dominó es muy escasa y suele ocurrir pasados los 5 años del TH.

El trasplante hepático auxiliar consiste en realizar un trasplante hepático, preservando el hígado original del receptor, con el
objeto de mejorar las funciones que el dañado no cumple. No permite resolver los signos de hipertensión portal ni el riesgo potencial
de desarrollar futuros hepatocarcinomas. Existe predilección por
este tipo de TH en los pacientes que sufren un fallo hepático fulminante y es también usado para evitar el empleo de
inmunosupresores. Existen 3 variantes técnicas del TH auxiliar (el
heterotópico con hígado completo o parcial, el parcial ortotópico y
el heterotópico con arterialización de la vena porta). Es recomendable realizar en receptores jóvenes, generalmente menores de 40
años, por obtener así mejores resultados, así como en las formas
hiperagudas que en las subagudas.

El trasplante combinado consiste en la implantación de 2 o
más órganos a un mismo individuo, debido a que tiene no sólo una
insuficiencia hepática, sino renal (insuficiencia renal terminal),
pancreática (diabetes mellitus), que son las más frecuentes. El trasplante combinado puede realizarse en 2 momentos distintos, uno

para cada órgano, mientras un trasplante simultáneo se injertan los 2 al mismo tiempo en el mismo acto quirúrgico. Existe otro tipo de trasplante hepático asociado a más de un órgano, también llamado trasplante tipo cluster o en racimo, en el que además de hígado, se trasplante simultáneamente páncreas, duodeno, intestino delgado y colon.

El trasplante combinado hígado-riñón se raliza en pacientes con enfermedad hepática terminal asociado a insuficiencia renal irreversible. Este suele estar indicado en hiperoxaluria primaria tipo I, poliquistosis hepatorrenal, glomerulonefritis en paciente con cirrosis hepática por virus hepatitis B o C, glucogenosis tipo I, anemia de células falciformes, síndrome urémico-hemolñitico familiar, amiloidosis. También puede emplearse un trasplante renal secuencial cuando se produce una insuficiencia renal secundaria a ciclosporina a los 10 años de haber sido trasplantado de hígado. La tasa de rechazo del TH es similar a cuando se realiza sólo, sin embargo la tasa de rechazo renal es inferior a cuando no se asocia a TH.

El trasplante combinado de hígado-páncreas y riñon es infrecuente y suele emplearse cuando se trata de un déficit de alfa1aantitripsina, metastasis hepáticas de un gastrinoma pancreatico, en diabéticos con insuficiencia hepática y en fibrosis quística.

El páncreas puede ser trasplantado heterotópica a nivel de los vasos iliacos. En diabéticos con insuficiencia renal crónica y cirrosis hepática se suele realizar un triple trasplante de hígado, páncreas y riñon.

El retrasplante hepático se indica cuando se produce un fallo primario del injerto o rechazo del mismo, siendo el TH la única terapéutica que puede salvar la vida del paciente. Esta indicación constituye hasta el 20% de las indicaciones.

Capítulo 9: Rechazo hepático: tipos y terapia inmunosupresora

El rechazo se produce cuando el injerto hepático trasplantado procedente de un donante vivo o cadáver es reconocido como extraño y es atacado por el sistema inmunológico del receptor, lo que conlleva daños histológicos y alteración progresiva de la función hepática del injerto, que puede llevar a exitus del paciente si no se toman medidas terapéuticas adecuadas.

El rechazo de órganos es un proceso de varios pasos, que incluye reconocimiento de aloantígenos, activación de linfocitos, expansión clonal e inflamación del injerto. En el rechazo agudo se producen 3 señales distintas.

La señal 1 (reconocimiento del aloantígeno), en la que el reconocimiento de alonantígeno requiere la presentación de un aloantígeno extraño junto con una molécula del complejo principal de histocompatibilidad (MHC). El antígeno, unido a una molécula de MHC, se une al receptor de células T. Esta es la primera de las tres señales que se requieren para la maduración de células T y que pueden ser abortadas por anticuerpos antilinfocíticos.

La señal 2 (activación de linfocitos o coestimulación): la activación de células T requiere coestimulación, un proceso en el que una serie de ligandos en el APC se unen a una variedad de receptores de células T, incluidos CD28, CD154, CD2, CD11a y CD54. El complejo receptor de células T se internaliza y se une a inmunofilina. Las immunofilina estimula la calcineurina, que activa el factor nuclear de la activación de las células T (NFAT) al eliminar el pirofosfato.el NFAT activado se transloca al núcleo donde conduce la transcripción de interleucina 2 (IL-2). Dos de las dianas de la inmunofilina, ciclofilina y proteína de unión a FK, constituyen las dianas terapéuticas de ciclosporina y tacrolimus, respectivamente. Ambos agentes bloquean la calcineurina y se conocen como inhibidores de la calcineurina.

La señal 3 (expansión clonal): la IL-2 recién sintetizada es secretada por las células T y se une a los receptores de IL-2 (IL-2R) en la superficie celular de forma autocrina, estimulando un estallido de proliferación celular. Basiliximab y daclizumab, ambos anticuerpos monoclonales contra el receptor de IL-2, bloquean esta señal. Sirolimus, que se une al "mammalian Target of Rapamycin" (mTOR), también actúa en este paso. Finalmente, la expansión clonal mediante la inhibición de la síntesis de ADN (azatioprina y micofenolato mofetilo).

La inflamación del aloinjerto en el rechazo agudo se produce por la proliferación de células T y está asociada con la citotoxicidad

mediada por células y secreción de citoquinas, quimiocinas y moléculas de adhesión. Los mediadores secretados reclutan células inflamatorias adicionales para el injerto. El resultado es un medio inflamatorio en el que participan numerosos mediadores tóxicos y vasoactivos. En el control de este paso intervienen los glucocorticoides y anticuerpos antilinfocitos.

Existen diferentes tipos de rechazo: el rechazo hiperagudo o humoral o mediado por anticuerpos; el rechazo celular agudo y el rechazo crónico.

El rechazo hiperagudo o humoral es aquel que ocurre inmediatamente después de la reperfusión en un receptor con anticuerpo antidonante preformados. Tiene lugar a los varios días de haberse realizado el TH. La biopsia hepática generalmente por vía transyugular se caracteriza por una exudación neutrofílica asociada a necrosis hepatocitaria coagulativa, así como carencia de infiltración linfocítica. También puede mostrar infiltración neutrofílica portal con proliferación colangiolar y cambios perivenulares y colestasis.

El rechazo celular agudo es la causa más frecuente de fallo primario precoz del injerto.Para que se produzca este rechazo es necesario que se produzcan una serie de alteraciones histológicas en la biopsia hepática realizada. Generalmente puede ocurrir en los 3-4 primeros meses de haber sido realizado el TH. Para su gradación y diagnóstico emplearemos el índice de actividad del rechazo agudo hepático que establece un score que varía desde 3 a 8 puntos, según el grado de severidad. También debe usarse el sistema de gradación del rechazo agudo de la Banff, que establece 4 grados de infiltrado inflamatorio en la biopsia hepática. Así tenemos:

1. Grado indeterminado: cuando el infiltrado inflamatorio portal es escaso.

2. Grado I o leve: infiltrado inflamatorio mixto leve localizado exclusivamente en espacios porta (1 punto).

3. Grado II o moderado: infiltrado inflamatorio mixto que se extiende a la mayoría de los espacios porta (2 puntos).

4. Grado III o grave: el infiltrado inflamatorio rebasa la placa limitante con inflamación perivenular, que se extiende al lobulillo asociada a necrosis hepatocitaria de zona 3 (3 puntos).

La biopsia puede mostrar daño histológico a los conductos biliares, de forma que si se evidencia sólo una minoría de los conductos biliares afectados por infiltrado de celulas inflamatorias y presencia de cambios reactivos leves se les asignará un 1 punto. Si, en cambio, la mayoría de los conductos biliares presentan infil trado inflamatorio asociado a cambios degenerativos (pleomorfismo nuclear, pérdida de polaridad y vacuolización) se le asignará 2 puntos. Si la afectación de los conductos biliares es mayoritaria con todas estas alteraciones y ruptura de los mismos, se le dará 3 puntos.

También es caracteristica del rechazo agudo la presencia de inflamación del endotelio venoso (endotelialitis), que en caso de presencia de linfocitos subendoteliales en algunas venas porta o hepáticas, se les dará 1 punto, pero si la inflamación subendotelial afecta a la mayoría de las vénulas, se les dará 2 puntos. El rechazo hepático crónico se clasifica en 2 tipos (el rechazo crónico temprano y el tardio).

El rechazo crónico temprano se caracteriza por degeneración en la mayoría de los conductos biliares menores de 60 micras y una pérdida de ductus menor del 50%; venulas hepáticas terminales presentan inflamación intimal y subintimal; existe necrosis aislada hepatocelular y fibrosis perivenular leve; pérdida menor del 25% de las arteriolas hepáticas portales; existe una hepatitis de transición; las arterias hepáticas grandes perihiliares presentan inflamación intimal y acúmulo focal de histiocitos espumosos sin obliteración luminal y los ductos hepáticos grandes perihiliares presentan una inflamación y acúmulo de histiocitos espumosos en la pared ductal.

Por el contrario, el rechazo crónico tardio se caracteriza por los siguientes aspectos: cambios degenerativos en los ductos residuales y ductopenia de ductos biliares pequeños de menos de 60 nanometros es mayor del 50%; las vénulas hepáticas terminales presentan obliteración vascular con inflamación variable, así como una fibrosis en puente severa perivenular; pérdida de arteriolas hepáticas terminales mayor del 25%; acúmulo de celulas espumosas sinusoidales con marcada colestasis; obliteración luminal de arterias hepáticas grandes perihiliares por fibrosis subintimal y acúmulo de histiocitos espumosos en la pared y existe uan fibrosis ductal transmural en los ductos hepáticos grandes perihiliares.

Los factores que pueden estar implicar en el desarrollo de un rechazo celular son: un nivel bajo de inmunosupresión, edad joven, enfermedad basal de origen autoinmune, un tiempo de isquemia prolongado, un donante con edad más avanzada, cirrosis hepática de etiologia distinta a la enólica.

Los factores que han contribuido a que se mejoren los resultados en el TH progresivamente desde que se hizo el primer TH son la mejora en la técnica quirúrgica y anestésica, una mejor selección de los donantes y receptores y sobre todo, a una mejora de las pautas inmunosupresoras. Cuando se comenzó la pauta inmunosupresora estaba basada en la combinación de esteroides con azatioprina (Imurel). Posteriormente en el año 1979 se incluye la ciclosporina que cambia la historia natural del TH, pasando de tasas de supervivencia al año inferiores al 30% hasta tasas en torno al 85-95%. Los agentes inmunosupresores inhiben la respuesta del sistema inmune a los aloantígenos del injerto. La tasa de rechazo post-TH puede llegar a ser de un 25%. Para evitarlo, existen 3 fases distintas con sus peculiaridades en la inmunosupresión tras ser realizado un TH: la fase de inducción (fase precoz), fase de mantenimiento (inmunosupresión a largo plazo) y el tratamiento cuando se produce un rechazo.

A) Inmunosupresores que bloquean la presentación del antígeno (anticuerpos anti-linfocitarios o depleccionantes linfocíticos): los hay de tipo policlonales como la *gammaglobulina antitimocítica* (ATG o *Timoglobulina; ATGAM*) o *globulina antilinfocítica* (ALG), o bien, monoclonales como el anticuerpo anti-CD3 o Muromonab-CD3 (*Orthoclone)*. Disponemos de otro anticuerpo monoclonal, que es anti-CD25: Alemtuzumab (*Campath*).

B) Inmunosupresores inhibidores de la síntesis de la interleucina 2 o anticalcineurínicos (CNI): en este grupo tenemos 2

fármacos (ciclosporina o *Sandimmun neoral* y el tacrólimus o *Prograf o advagraf)*.

C) Anticuerpos monoclonales anti-CD20: bloquean el receptor
de la interleucina 2: disponemos de dos fármacos, uno de
origen humano (Daclizumab o *Zenapax)* y otro quimérico
(Basiliximab o *Simulect)*.

D) Bloqueadores del complejo m-TOR (señal de proliferación
o mammalian target of rapamicin): en este grupo disponemos de 2 fármacos también: el Sirolimus (*Rapamune)* y el
Everolimus (*Certican o Afinitor)*.

E) Inmunosupresores antimetabolitos o inhibidores de la síntesis de purina: disponemos de la azatioprina (*Imurel*), que
ya está en desuso y ha sido sustituido por los derivados del
ácido micofenólico, que son dos: uno el Micofenolato Mofetil (*Cellcept)* y Micofenolato sódico (*Myfortic)*.

F) Esteroides: son inhibidores de la inflamación, bloqueando
diferentes vías como la interleucina 2, interleucina 6 y la
síntesis de interferón gamma de los linfocitos T.

Los **esteroides** son los más empleados en la fase de inducción
y como tratamiento del rechazo celular. Los esteroides inhiben la
inflamación por múltiples mecanismos: disminuyen la migración de
neutrófilos, disminuyen la activación y acúmulo histológico de los

macrófagos, disminuyen la producción de interleucinas 1, 2 y 6, y disminuyen la transcripción de los genes proinflamatorios. Una vez que es revascularizado el injerto se comienza a administrar dosis

altas de esteroides con 500 mg a 1000 miligramos (1 g) de 6-metilprednisolona intravenosa (*Solumoderin*) durante la fase anhepática. Posteriormente comenzamos a bajar la dosis, comenzando con 200 mg/dia de prednisona, con dosis de reducción de 40 mg/dia hasta llegar a 20 mg/dia o su equivalente 30 mg de Deflazacort (*Zamene o Dezacort*) diarios por la mañana, dosis que se alcanza al finalizar la 1º semana del TH.

De esta forma, la pauta reductora sería la siguiente: 200 mg/dia por la mañana de prednisona (1º día post-TH), 160 mg/dia (2º día) 120 mg/dia (3º dia), 80 mg/dia (4º día), 40 mg/dia (5º día), 30 mg/día (6º día) y 20 mg/día de prednisona (7º día) o 30 mg/día de Deflazacort (7º día), pauta de dosificación que es la empleada por el *Colegio de Medicina de Baylor*. Durante la 2º semana seguirá tomando Prednisona 20 mg/24 horas por la mañana. Durante las semanas 3º y 4º recibirá prednisona 16 mg/dia. Posteriormente desde el 2º-6º mes continuaremos con una dosis de 10 mg/dia de prednisona, intentando suspenderla antes de llegar al año post-TH asociada a ciclosporina o Tacrolimus en monoterapia o en biterapia con ciclosporina o tacrolimus asociado a micofenolato (antimetabolito). En caso de rechazo celular ciclos de 1 a 3 días con una pauta descendiente a lo largo de 4-5 días.

Hay que recordar la equivalencia entre las diferentes formulaciones de esteroides disponibles, de forma que 20 mg de hidrocortisona es dosis equivalente a 5 mg de prednisona, prednisolona y 4 mg de metilprednisolona. El uso de esteroides varía entre los centros de trasplante, y no hay acuerdo sobre un protocolo ideal. Otro régimen común es un bolo de un 1 gramo de metilprednisolona durante la fase anhepática, seguido de 20 mg/día por vía intravenosa. Una vez que el paciente puede tomar medicamentos orales, cambia a prednisona 20 mg/día. La suspensión de los esteroides generalmente se logra durante un período de tres a seis meses, aunque algunos centros dejan a los pacientes con 5 mg/día indefinidamente.

Los esteroides se pueden administrar tanto por vía oral como intravenosa. Su absorción en el tracto digestivo es uniforme y rápida. Circulan en sangre unidos en un 90% a proteínas plasmáticas (albúmina sobre todo) con una vida media entre 3-3,5 horas. Son metabolizados por el hígado mediante glucuronización, y son eliminados sus metabolitos inactivos por la orina (excreción renal). Los esteroides tienen numerosos efectos secundarios cuando se emplean de forma crónica como el síndrome de Cushing, el ac-

né, estrias cutáneas, hirsutismo, cataratas, miopatia proximal, osteoporosis, hiperlipemia y aumento del peso. La administración

a dosis elevadas por periodos cortos se asocia a una mayor incidencia de procesos infecciosos, menor cicatrización de heridas,
hiperglucemia o diabetes esteroidea, retención salina con edemas
maleolares, hipertensión arterial y psicosis o labilidad emocional.
También se han asociado a una mayor incidencia de infecciones
oportunistas (citomegalovirus, Pneumocystis y Aspergillus), así
como infecciones bacterianas. Los esteroides no son nefrotoxicos ni
neurotóxicos ni producen alteraciones hematológicos significativos.
Los esteroides es recomendable mantenerlos si es posible al menos
6 meses a la menor dosis posible y puede ser util en la etiologia
autoinmune.

Debido a los problemas con los glucocorticoides, muchos
centros intentan eliminar los esteroides lo antes posible. Esto debe
hacerse con precaución, ya que suspensión rápida de los esteroides
puede precipitar un brote de la etiologia que precipitó el trasplante
(hepatitis autoinmune, enfermedad inflamatoria intestinal, etc) o un
episodio de rechazo. Un metaanálisis analizó 16 ensayos aleatorizados que compararon la suspensión de los glucocorticoides en la
fase postoperatoria con la inmunosupresión que sí los mantenía y

no se detectaron diferencias en la mortalidad, pérdida de injerto o mayores tasas de infección cuando se compararon el no uso o suspensión postoperatorio de los glucocorticoides con aquellos con regímenes de inmunosupresión que contenía glucocorticoides. Sin embargo, las tasas de rechazo agudo y rechazo resistente a glucocorticoides fueron más comunes en el grupo con suspensión precoz o ausencia de glucocorticoides (riesgo relativo [RR] 1,33; IC del 95%: 1,08-1,64; y RR 2.14, IC 95% 1.13-4.02, respectivamente): (*Fairfield C, et al. Cochrane Database Syst Rev 2015*).

La diabetes mellitus y la hipertensión se presentaron con menos frecuencia cuando éstos no se empleaban (RR 0.81, IC 95% 0.66 a 0.99 y RR 0.76, IC 95% 0.65-0.90, respectivamente). Sin embargo, todos los estudios incluidos en el análisis tenían un alto riesgo de sesgo. Cuando se manejen los esteroides es recomendable monitorizar la tensión arterial, los niveles de glucosa y lípidos.

Una posible alternativa a los glucocorticoides tradicionales es la budesonida. La budesonida es un glucocorticoide con menor efectos adversos sistémicos, debido a su metabolismo hepático de primer paso. Su uso en el trasplante de hígado es atractivo, debido a la alta frecuencia de diabetes postrasplante, especialmente en pacientes trasplantados para hepatitis C. Un estudio informó tres pacientes tras un trasplante de hígado ortotópico (OTT) tratados con budesonida con aparente éxito (*Bhat M, et al. Liver Transpl*

2012). Se necesitan más estudios para definir si la budesonida pueda recomendarse como un agente anti-rechazo o no.

Antes de la era de los antivirales de acción directa frente al virus de la hepatitis C (VHC), la cirrosis por esta etiología constituía la indicación de trasplante hepático más frecuente. La capacidad de los esteroides para aumentar la replicación del VHC ha creado preocupación sobre su uso en estos pacientes. Generalmente existen tres pautas para el empleo de esteroides en pacientes con infección crónica por VHC:

- Mantener los esteroides a dosis bajas indefinidamente (aproximadamente 5 mg por día)
- Reducir los esteroides lentamente para finalmente suspenderlos.
- Evitar los esteroides.

La mayoría de los centros utilizan la segunda estrategia, aunque la primera y la tercera continúan siendo estudiadas. Si se usan esteroides, un brote de infección por el VHC se caracteriza por un aumento de la carga viral asociado a un aumento de aminotransferasas durante la reducción progresiva.

La reducción gradual de los esteroides fue respaldada por un estudio multicéntrico prospectivo en trasplantados hepáticos con

VHC que comparó una suspensión rápida de esteroides (dentro de los tres meses del trasplante) frente a una disminución gradual con retirada en un periodo de más de dos años (*Vivarelli M, et al. J Hepatol 2007*). La disminución rápida de esteroides se asoció con el desarrollo de fibrosis avanzada, lo que sugiere que los cambios abruptos en la dosificación de glucocorticoides, incluidos los bolos y la interrupción rápida, pueden tener un impacto negativo en la historia natural de la hepatitis C crónica posterior al trasplante.

La inmunosupresión sin esteroides es posible. Tiene la ventaja teórica de evitar posibles aumentos en la replicación viral con un brote posterior tras la suspensión de esteroides. Los ensayos aleatorizados han tenido resultados variables: un ensayo aleatorizado describió los resultados de un régimen libre de glucocorticoides que incluía daclizumab, tacrolimus y micofenolato mofetil (MMF), que se comparó con tacrolimus y glucocorticoides, o tacrolimus, glucocorticoides y MMF en receptores de 295 VHC ARN positivo de trasplante hepático (*Klintmalm GB, et al. Liver Transpl 2011*): después de dos años de seguimiento, no hubo diferencias en el rechazo agudo, la supervivencia del paciente o del injerto, o la tasa de recurrencia del VHC entre los grupos de tratamiento. Por lo tanto, el estudio respalda la viabilidad de la inmunosupresión de mantenimiento libre de esteroides en pacientes infectados por el VHC, pero su beneficio sobre la recurrencia del VHC no fue aparente, al menos a corto plazo. Un segundo ensayo abordó el rechazo y el VHC recurrente en 89 pacientes asignados a la terapia dual con ciclospo

rina y basiliximab o al tratamiento triple con ciclosporina, basiliximab y un esteroide (*Lladó L, et al. Liver Transpl 2008*): se observó infección recurrente por el VHC en el 97 por ciento de los pacientes en ambos grupos, y las cargas virales a los 6, 12 y 24 meses no fueron estadísticamente diferentes. Las biopsias de protocolo a los 6, 12 y 24 meses mostraron tasas similares de rechazo. Las puntuaciones de inflamación portal y fibrosis fueron más altas en el grupo de esteroides a los dos años, aunque solo alcanzó la inflamación portal la significancia estadística.

Un segundo ensayo con 103 pacientes examinó monoterapia con tacrolimus versus terapia triple (tacrolimus, azatioprina y disminuyendo la prednisolona) con una mediana de seguimiento de 96 meses (*Manousou P, et al. Gut 2014*): en este estudio, presentaron un score de fibrosis en la escala de Ishak de 4/6 los pacientes incluidos en el grupo de monoterapia comparado con el grupo de terapia triple (35% versus 22 %). Un tercer ensayo con 75 pacientes comparó el tacrolimus asociado a un glucocorticoide frente a tacrolimus más MMF (*Takada Y, et al. Liver Transpl 2013*): las tasas de supervivencia libre de eventos a uno, tres y cinco años fueron similares entre ambos grupos.

Un metaanálisis de 2009 incluyó 21 ensayos controlados aleatorios con 2590 pacientes (*Sgourakis G, et al. Transpl Int 2009*): los pacientes que no recibieron esteroides parecieron beneficiarse con respecto al rechazo agudo general (si el esteroide se reemplazó con un agente alternativo), rechazo agudo severo, desarrollo de diabetes mellitus de novo, infección por citomegalovirus, niveles de colesterol, frente a aquellos sí lo recibieron. En pacientes con VHC, los protocolos libres de esteroides se asociaron con menores tasas de recurrencia del VHC, hepatitis aguda del injerto y fracaso del tratamiento y pueden interferir menos en el crecimiento en niños.

Si bien la inmunosupresión sin esteroides es factible, no es posible asegurar actualmente que estos regímenes confieran un valor suficiente como para justificar un cambio en el protocolo en cualquier centro de trasplantes, dado que los diferentes ensayos realizados no se pueden comparar, debido a que la dosificación de esteroides y las pautas de reducción de esteroides varían ampliamente. Los regímenes sin esteroides están basados en medicamentos caros que no siempre están disponibles, de hecho, Daclizumab ya no se fabrica.

La introducción del **inhibidor de la calcineurina** (ICN) ciclosporina A en 1981 marcó un punto de inflexión en el trasplante de hígado, la cual inhibe la activación de las células T, uniéndose a la ciclofilina intracelular, lo que reduce la activación de la calcineu

rina. Sin calcineurina, el factor nuclear de las células T activadas (NFAT) no se transloca al núcleo, produciéndose una reducción de la síntesis de IL-2. El resultado es una respuesta de células T marcadamente disminuida frente a los antígenos de clase I y clase II, y una reducción significativa en la cascada de rechazo.

Inicialmente el impacto de la ciclosporina se ilustra en un informe inicial en el que las tasas de supervivencia a 1 y 5 años, con inmunosupresión "convencional" (azatioprina + prednisona), fueron del 33 y 20%, respectivamente, mientras que las tasas de supervivencia con ciclosporina + prednisona fueron del 70% y 63%, respectivamente (*Gordon RD, et al. Surg Clin North Am 1986*).

Los inhibidores de la calcineurina (ICN) tenemos la ciclosporina y el tacrolimus. La **ciclosporina** es un polipéptido cíclico aislado del hongo Tolypocladiyum inflatum gams, que es lipofílico e insoluble en aguda. Es empleada en el tratamiento del rechazo celular y como terapia de mantenimiento. La ciclosporina produce una inhibición reversible de la activación linfocitaria específica de los linfocitos T. En la superficie del linfocito la ciclosporina se a une a un receptor de membrana y penetra en la célula, siendo transportada al citoplasma, donde se une a la ciclofilina. Así se inhibe la producción de interleucina 2, disminuyendo la proliferación de linfocitos T activados por la interleucina 2 y suprime la proliferación de linfocitos T citotóxicos.

La ciclosporina se convirtió inicialmente en la terapia de primera línea. La dosificación precisa fue difícil y los niveles de fármaco sérico variaban con la comida. Además, cualquier cambio en el flujo biliar (por ejemplo, con episodios de rechazo o complicaciones biliares) generaba efectos en la absorción de ciclosporina. Esto es claramente un problema después del trasplante de hígado, por lo que la formulación microemulsionada (Neoral) se ha convertido en la formulación preferida.

La ciclosporina puede administrarse por vía intravenosa, aunque generalmente se administra por vía oral. La dosis intravenosa es aproximadamente del 30% de la dosis oral, debido a una mejor biodisponibilidad al administrarse en forma de infusión continua. La ciclosporina se absorbe de forma variable en el yeyuno y entra en el sistema linfático. Los niveles máximos en sangre se alcanzan en dos a cuatro horas. La vida media promedio es de 15 horas, pero varía ampliamente (10 a 40 horas). La ciclosporina se elimina en la bilis después de un metabolismo extenso en el hígado por CYP3A4. Los metabolitos tienen poca actividad inmunosupresora. La actividad de CYP3A4, y por lo tanto, los niveles de

ciclosporina en sangre depende tanto de factores genéticos como ambientales, incluidos los polimorfismos genéticos, viabilidad del injerto, la replicación del virus de la hepatitis C y ciertos alimentos o medicamentos. Debe monitorizarse con la ciclosporina los niveles de creatinina, lípidos, potasio, magnesio, así como los niveles del fármaco.

Por ejemplo, la administración de estatinas con ciclosporina puede incrementar el riesgo de miotoxicidad. Por ello, en caso de tenerlas que usar es preferible la pravastatina y la fluvastatina, con menos efecto interactivo. Si tenemos que usar estatinas es recomendable sustituir la ciclosporina por tacrólimus. Está contraindicado el uso de simvastatina con ciclosporina. Por ello, estatinas como atorvastatina, lovastatina, pitavastatina, rosuvastatina o simvastatina asociadas a ciclosporina pueden incrementar los niveles plasmáticos de las estatinas.

Los niveles de ciclosporina deben monitorearse con frecuencia en el período de peritransplante (típicamente a diario), con frecuencia decreciente a medida que la función del injerto se estabiliza y el rechazo se vuelve menos amenazante. Pacientes que se estabilizan puede controlarse mensualmente, pero los niveles se deben controlar con más frecuencia de reagudización o si está tomando algún medicamento que potencialmente pueda tener interacción. Varias drogas comúnmente afectan los niveles de los ICN.

El nivel de umbral terapéutico de la ciclosporina suele ser de 200-250 ng/ml en los primeros tres meses después del trasplante, pero por lo general se reduce de 80 a 120 ng/ml a los 12 meses. Los niveles de ciclosporina deben ser monitoreados estrechamente, ante la posibilidad de toxicidad renal, hipertensión, hipercaliemia e hipomagnesemia.

Los diuréticos ahorradores de potasio y los medicamentos potencialmente nefrotóxicos deben evitarse si es posible. La toxicidad neurológica puede incluir alteración del estado mental, polineuropatía, disartria, mioclonía, convulsiones, alucinaciones y ceguera cortical. Otros problemas comunes incluyen hiperlipidemia, hiperplasia gingival e hirsutismo.

La ciclosporina A se puede administrar por vía oral o intravenosa. Por vía oral es absorbida en el intestino delgado, con una biodisponibilidad entre el 20-50%. Necesita de las sales biliares para su absorción, de forma, que en situaciones de insuficiencia hepática o drenaje biliar externo, está limitada su absorción, lo que podría bajar sus niveles plasmáticos. Por ello, la ciclosporina debe ser administrada por vía intravenosa durante los primeros días. La concentración plasmática máxima se alcanza a las 3-4 horas por vía

oral . La vida media oscila entre las 12-17 horas y circula unica a hematies en un 70%.

La ciclosporina tiene metabolización hepática a través de cito-cromo P-450, lo que puede llevar a la presencia de interacciones de fármacos, modificando sus niveles plasmáticos, lo que obligará a ajustes de la dosis de este fármaco para evitar efectos secundarios indeseables y toxicidad a diferentes niveles. Se trata además de un fármaco de excrección biliar, con excrección renal mínima, de forma que los sujetos con insuficiencia renal crónica no será preciso reajustar la dosis de la ciclosporina.

La ciclosporina neoral (Sandimmun Neoral) tiene un perfil de absorción más uniforme y más rápido , con escasa interacción con los alimentos. Su administración por sonda nasogástrica es posible incluso en los primeros días del TH, por lo que es preferida a la ciclosporina A intravenosa por su mayor comodidad y eficacia. Sin embargo, hay que reconocer que entre los inhibidores de la calceneurina es preferido el tacrolimus frente a la ciclosporina. La dosis de sandimmun neoral diaria se administra repartida en 2 tomas, cada 12 horas (desayuno y cena), diluida en zumo de naranja o manzana, evitando el zumo de pomelo, o bien, usando leche chocolateada, en vaso de cristal.

Uno de las de causas de esto, es la presencia de significativos efectos secundarios, entre los que destacan la toxicidad renal, neurológica, hepática, gastrointestinal, hipertensión arterial, trastornos metabólicos (diabetes mellitus, hipercolesterolemia, hiperuricemia, hipomagnesemia, hiperpotasemia, acidosis metabólica hiperclorémica), osteoporosis, hirsutismo, hiperplasia gingival, acné, infecciones oportunistas, además de un potencial riesgo de desarrollo de linfomas B extranodales.

La ciclosporina es nefrotóxica, destacando una toxicidad renal aguda, que es reversible y se resuelve a reducir la dosis del fármaco y que se produce como consecuencia de un descenso del volumen urinario, disminución de la natriuresis y del filtrado glomerular y del flujo plasmático renal efectivo. La nefrotoxicidad crónica se caracteriza por insuficiencia renal, hiperpotasemia, acidosis tubular renal tipo IV, que no responde a la reducción del fármaco y se asocia a lesiones histológicas renales, tales como la fibrosis intersticial y esclerosis vascular).

La hipertensión arterial secundaria a la Ciclosporina ocurre en el 50% de los sujetos que la reciben, muchas veces acentuada por la toma de esteroides asociados y su grado de severidad se relaciona con el grado de nefrotoxicidad. Para su control terapéutico se le indica al paciente que haga una dieta baja en sal, que pierda peso

y en ocasiones es preciso emplear antihipertensivos, especialmente antagonistas del calcio (amlodipino 10 mg) o inhibidores de la enzima covertidora de angiotensina (Enalapril 20 mg).

La ciclosporina es neurotóxica, y responsable de convulsiones tónico-clónicas generalizadas hasta en el 1-2% de los casos, especialmente en pacientes con niveles bajos de magnesio o de colesterol, que son parámetros bioquímicos que debemos siempre solicitar cuando manejamos pacientes tratados con Ciclosporina, sin olvidar en aquellos que tienen que ser tratados con Imipenem intravenosa. Otros acontecimientos adversos por neurotoxicidad que pueden aparecer y que pueden mejorar al reducir la dosis del fármaco, tales como la cefalea, temblor y parestesias. Otros efectos secundarios es la hipertricosis (hasta un 50%) y la hipertrofia gingival (10-20%), que en caso de producirse se debe recomendar limpieza dental enérgica.

Las manifestaciones metabólicas producidas por la ciclosporina son variadas (hiperglucemia, diabetes mellitus, hipercolesterolemia, mayor riesgo aterogénico, hiperprolactinemia, ginecomastia, hipotestosteronismo con disminución de la espermatogénesis). También puede produce colostasis asociada a dosis elevadas de ciclosporina, que generalmente se autolimita al reducir la dosis de ciclosporina.

Aunque se han descrito algunos casos de síndrome hemolítico-urémico con anemia microangiopática, trombopenia e insuficiencia renal aguda, que generalmente se resuelve a bajar la dosis de la ciclosporina, éste fármaco no tiene toxicidad hematológica. Se han informado también su asociación con el desarrollo de tumores "de novo", tales como tumores de piel no melanomas, sarcomas, linfomas, carcinoma epitelial labial, Kaposi, hipernefroma, tumores ginecológicos de vulva y periné. La asociación más estudiada es con los linfomas no Hodking, con un desarrollo más precoz y más agresivo, al presentar más afectación extranodal y del sistema nervioso central.

Existen 3 preparaciones distintas de Ciclosporina, una oral en cápsulas y en solución (Sandimmun Neoral cápsulas blandas de 25mg, 50 mg o 100 mg y 1 militro=100 mg) e intravenosa (Sandimmun ampollas 1 militro= 50 mg o 5 mililitro = 250 mg). Generalmente se emplea el sandimmun neoral cápsulas y la dosis diaria empleada es de 10-15 miligramos por kilogramo de peso y día (15 mg/kg/día), de forma que una persona que pese 75 kilogramos de peso, precisará 1125 mg/día, repartido en 2 dosis diarias (a las 7 horas de la mañana y a las 19 horas de la tarde), es decir, 562,5 mg/12 horas, por lo que redondeando 500 mg/12 horas, lo que equivale a 6 capsulas por la mañana y 5 cápsulas de 100 mg y 1

cápsula de 50 mg por la noche. Si se prefiere, a 6 centímetros cúbicos por la mañana y 5,5 cc. por la noche (11,5 cc en el día). La solución debe vertirse en vaso de vidrio, no de plástico, y puede estar en temperatura ambiente. Si el paciente tuviera vómitos o ileo, podremos usar viales intravenosos, siendo la dosis empleada una tercera parte de la dosis que empleamos oral (25-33% de la dosis oral), la cual será diluida en 250 cc de suero glucosado al 5% a pasar en 6 horas. En caso de que se supere la dosis de 250 mg/dia intravenosa, se deberá dividir la dosis diaria en 2 infusiones (una a las 7 horas y otra a las 19 horas). Esta dosis durante las 2 primeras semanas post-TH iremos reduciéndola progresivamente y se irá reajustando según los niveles de ciclosporinemia.

En caso de vómito después de la ingesta de ciclosporina se debe administrar la mitad de la dosis media hora después del vómito, y la otra mitad a la hora, si la dosis anterior ha sido tolerada. Si continuara vomitando, se aconseja no volver a administrar ciclosporina hasta trascurridas 12 horas. Si después de ese tiempo el paciente continua vomitando, es aconsejable administrar ciclosporina por vía intravenosa, reduciendo a un tercio la dosis administrada por vía oral.

La ciclosporina debe administrarse en las 12 horas antes del trasplante hepático y no deben masticarse. Pasada 1-2 semanas, la dosis de mantenimiento estipulada de ciclosporina es de 2-6 miligramo/kilogramo/día. De esta forma, la dosis de mantenimiento de ciclosporina necesaria para un paciente con 75 kg de peso, a partir de la 2º o 3º semana post-TH será de 450 mg/día, lo que equivale a 225 mg/12 horas (2 comprimidos de 100 mg y 1 comprimido de 25 mg a las 7 horas de la mañana y 2 comprimidos de 100 mg a las 19 horas).

Los niveles plasmáticos de ciclosporina (ciclosporinemia) se recomienda realizarlo a las 2 horas de haber tomado el fármaco la dosis de la mañana (nivel C2), usando tubo de wintrobe y que permite minimizar los efectos secundarios del fármaco, reduce la incidencia de rechazo agudo y de insuficiencia renal aguda. Disponemos de una fórmula que puede ayudarnos para el cálculo de la dosis de ciclosporina adecuada, una vez que disponemos de los niveles de C2 del paciente (extracción a las 2 horas de haberse tomado la dosis de la mañana, generalmente a las 9 horas).

Existe una variedad de fármacos que aumentan la nefrotoxicidad de la ciclosporina, destacando los siguientes: aminoglicósidos como gentamicina, tobramicina, anfotericina B, ciprofloxacino, vancomicina, trimetroprim + sulfametoxazol, bezafibratos, fenofibratos, AINEs como diclofenac, naproxen, sulindac, melfalan, anti-H2 como ranitidina o cimetidina, metrotexate, tacrolimus, azapro

pazona, captopril, colchicina, enalapril, foscarnet, framicetina, indometacina, ketoprofeno, lovastatina, manitol, melfalan, metolazona, piroxicam, prazosin, azapropazona y sulfadiazina. Si se produjera una insuficiencia renal significativa tras el uso de ciclosporina concomitante con alguno de ellos, sería recomendable reducir la dosis de estos fármacos o sustituirlo por otro alternativos. Podemos emplear sin problemas de nefrotoxicidad los siguientes: bumetanida, clonidina, dobutamina, dopamina, aceite de pescado, misoprostol, pentoxifilina, picotamida y verapamil.

Los fármacos que pueden aumentar los niveles de ciclosporinemia son los siguientes, por lo que el uso de estos fármacos recomienda que reduzca la dosis de ciclosporina para evitar toxicidad: eritromicina y otros macrólidos, excepto azitromicina, ponsinomicina, pristinamicina, solamicina, roxitromicina, voriconazol, itraconazol, ketoconazol, antagonistas del calcio como diltiazem, nicardipino, verapamilo, amiodarona, metoclopramida, anticonceptivos orales, danazol, alopurinol, acido ursodesoxicólico, inhibidores de la proteasa empleados en VIH (atazanavir, nelfinavir, saquinavir), ritonavir, cobicistat, imatinib, colchicina, acetazolamida, amoxicilina, cloranfenicol, cimetidina, etanol o alcohol, tacrolimus, fluconazol, itraconazol, posaconazol, voriconazol, olamicina, ketoconazol, metotrexate, metronidazol, norfloxacino, ofloxacino, nortriptilina, omeprazol, propafenona, roxitromicina, hormonas esteroidea, sulfadiazina, sulfametoxazol, sulindac, ticarcilina, tobramicina, combinación de AAD de Abbvie (Ombitasvir + Paritaprevir + ritonavir +/- dasabuvir), tacrolimus, metotrexate, propafenona y el zumo de uva.

Debe monitorizarse estrechamente los niveles del fármaco en caso de que el paciente tenga temblor o cefalea. Si el paciente está siendo tratado con inhibidores de la proteasa para el VIH puede ser preciso reducir sólo un 25% de la dosis de ciclosporina que estuviera recibiendo.

Por ello, hay que tener la precaución de indicar a los pacientes que nos consulten antes de tomar cualquier de estos fármacos, ya que su uso podría llevar a una mayor toxicidad de la ciclosporina por aumentar los niveles de ciclosporinemia, tales como insuficiencia renal, hipertensión arterial, cefalea, agitación psicomotriz, hipertricosis,dislipemia, convulsiones, alteración bioquímica hepática, hiperglucemia, astenia, anorexia, naúseas, vómitos, dolor abdominal, estreñimiento, diarrea, acné, sofocos, fiebre, leucopenia, parestesias, mialgias, hiperplasia gingival, confusión mental, insomnio, desorientación, alteración conciencia, problemas visuales, erupción de la piel, aumento del peso, anemia, plaquetopenia

con hematomas, pancreatitis y dolor abdominal, ginecomastia, trastornos menstruales y retinitis.

Los fármacos que pueden reducir los niveles de ciclosporinemia, con el potencial aumento del riesgo de rechazo del injerto, son los siguientes: barbitúricos como fenobarbital, fenitoína, fosfenitoína, oxcarbacepina, carbamacepina, primedona, enzalutamida, nafcilina, carbamacepina, fenitoína, octeotride, tuberculostáticos como etambutol, rifampicina o isoniazida, rifabutina, rifapentina, orlistat, la hierba de San Juan, ticlopidina, bosentán, terbinafina, griseofulvina, heparina, metoprolol, nafcilina, prednisona, somatostatina, trimetropim, acido valproico, probucol, sulfinpirazona, ticlopidina, warfarina.

En caso de tener que emplear estos fármacos, puede ser preciso tener que incrementar la dosis de ciclosporina de forma significativa. Se recomienda evitar el tratamiento concomitante con everolimus. Los efectos pueden mantenerse hasta 2 semanas de la suspensión del farmaco, por lo que incluso suspendido deberemos monitorizar estrechamente los niveles de ciclosporinemia hasta 2 sesmanas después de suspenderlo.

Los fármacos que podremos usar con la tranquilidad que no modificarán los niveles de ciclosporinemia son: antiviral aciclovir, antifúngico anfotericina o miconazol, antibioticos penfloxacina, ampicilina, aztreonam, cefotaxima, imipenem-cilastatina, espirami-cina, flucitosina, antihipertensivo como lisinopril, nifedipino o nitrendipino, ansiolítico como Midazolam, vitamina como niacina o piridoxina, el tuberculostatico pirazinamida, antiacidos como famo-tidina o ranitidina o hipolipemiante como la simvastatina, niacina y piridoxina.

Puede incrementarse la toxicidad renal cuando con ciclos-porina o tacrólimus tengamos que emplear concomitantente fármacos como aminoglucósidos, anfotericina B, colchina o AI-NEs, por lo que debemos en caso de tenerlos que emplear monitorizar estrechamente los niveles de creatinina y filtrado glo-merular.

También es fundamental monitorizar los niveles de potasio sérico, ante el riesgo potencial de desarrollar una hipercaliemia severa, cuando concomitantemente con Ciclosporina o Tacrólimus vayamos a tener que emplear fármacos como inhibidores ECA o

ARA, amilorida, espironolactona, triamterene o trimetroprim-sulfametoxazol.

Otro de los fármacos que debe administrarse separada su dosis al menos 4 horas de cuando vaya a tomarse la ciclosporina es el sirolimus, ya que la ciclospirina puede elevar las concentraciones de este fármaco.

El **Tacrólimus (FK-506)** es una macrólido producido del hongo Streptomyces Tsukubaensis, que tiene un mecanismo de acción similar a la ciclosporina, pero con una potencia 50-100 veces superior. Inhibe la activación de los linfocitos T, así como como la síntesis de las interleucinas 2,3,4,5 factor de necrosis tumoral e interferón gamma. Se absorbe en intestino delgado, sin influirse por la secrección biliar, a diferencia de la ciclosporina.

Las concentraciones máximas de tacrólimus se alcanzan entre 1,5-2 horas, con una biodisponibilidad baja entre el 20-25%, con una vida media comprendida entre 8-17 horas. El tacrólimus se une en un 80% a los hematies y en plasma se une sobre todo a la albúmina, por lo que no es dializable. Se metaboliza en el hígado mediante el citocromo P-450 y se excreta en la bilis, lo que explica que la aparición de insuficiencia hepática en un paciente trasplantado, aumente los niveles plasmáticos de tacrólimus, así como su vida media. No es necesario ningun ajuste del tacrólimus en la insuficiencia renal crónica.

Los primeros ensayos enn fase 1 con Tacrólimus fueron llevados a cabo en 1988 por el grupo de la Universidad de Pittsburgh (*Gordon RD, et al. Clin Transpl 1988*). Un año después, el mismo grupo describió el uso de FK506 como terapia de rescate en pacientes que habían fallado la ciclosporina (*Starzl TE, et al. Lancet 1989*). En periodo de aproximadamente sólo 5 años, el tacrolimus superaría a la ciclosporina como principal soporte en el trasplante de hígado.

Tacrolimus (Prograf) es 100 veces más potente que la ciclosporina. La biodisponibilidad oral es variable y una dosis oral de 0,15 mg/kg da como resultado una concentración máxima de 0,4 a 3,7 ng/ml. Al igual que la ciclosporina, el tacrolimus se metaboliza en el hígado a través de CYP3A4 y no se elimina por diálisis. A mediados de la década de 1990, la mayoría de los centros estaban de acuerdo de que tacrolimus se asociaba con una mejor supervivencia del injerto y del paciente. Una crítica de los primeros estudios fue su uso de ciclosporina a base de aceite, planteando la cuestión de la biodisponibilidad frente a la eficacia.

Los autores compararon la eficacia de tacrolimus versus ciclosporina microemulsionada en 606 pacientes que se sometieron a un primer trasplante de hígado ortotópico usando un punto final primario combinado de muerte, retrasplante o "fracaso del tratamiento por razones inmunológicas (TFIR)". El estudio fue un diseño abierto, aleatorizado, y todos los pacientes recibieron prednisolona y azatioprina concomitantes. Ambos regímenes de tratamiento fueron efectivos, pero el tacrolimus fue superior con respecto al objetivo final, mejorando la supervivencia del paciente y del injerto.

Además, hubo más pacientes en el grupo de tacrolimus que sobrevivieron sin presentar un episodio de rechazo significativo. Los resultados se actualizaron con una extensión de dos años más del estudio (O'Grady JG, et al. Am J Transplant 2007): tacrolimus se mantuvo superior (RR 0,79; IC del 95%: 0,60-0,95). Significativamente más pacientes aleatorizados a tacrolimus estaban vivos con su injerto original comparado con el grupo de ciclosporina (62% versus 42%). Seis pacientes fueron cambiados de tacrolimus a la ciclosporina, mientras que 17 cambiaron de ciclosporina a tacrolimus.

Múltiples estudios posteriores han sido realizados; la superioridad de tacrolimus sobre ciclosporina fue confirmada en un metanálisis, que incluyó 16 ensayos clínicos aleatorizados (*McAlister VC, et al. Am J Transplant 2006 y Haddad EM, et al. Cochrane Database Syst Rev 2006*). El tacrolimus fue superior cuando se analizaba la supervivencia, la tasa de pérdida de injerto, el rechazo agudo y el rechazo resistente a esteroides en el primer año. La incidencia de la enfermedad linfoproliferativa fue similar para los dos grupos, y la diabetes mellitus de novo fue más común en el grupo de tacrolimus. Más pacientes suspendieron la ciclosporina que el tacrolimus. Los autores estimaron que el tratamiento de 100 pacientes con tacrolimus versus ciclosporina evitaría el rechazo en 9 sujetos, así como el rechazo resistente a los esteroides en 7 pacientes, y una pérdida de injerto en 5 sujetos, así como de muerte en 2 pacientes, con la salvedad de que 4 de estos 100 desarrollarían diabetes.

La dosificación de Tacrolimus debe ser individualizada. Por lo general, comenzamos con una dosis baja (0.5-1 mg/12 horas) en el día 1 de postoperatorio, con objeto de alcanzar un nivel comprendido entre 7-10 ng/ml al final de la 1° semana. Usamos una dosificación más baja, a menudo con la adición de un agente auxiliar como el micofenolato mofetil (MMF) o un anticuerpo monoclonal en pacientes con insuficiencia renal preoperatoria.

Es importante alcanzar niveles adecuados de tacrolimus rápidamente. En un estudio de 493 receptores de trasplante hepático que fueron tratados con tacrolimus como inmunosupresión primaria, los pacientes con tacrolimus con niveles superiores a 7 ng/ml, que fueron sometidos a un biopsia hepática de protocolo (media 6 días después del trasplante) tuvieron tasas más bajas de rechazo moderado o grave, comparado con aquellos que tenían niveles más bajos (24% versus 41%: *Rodríguez-Perálvarez M, et al. J Hepatol 2013*).

Además, los pacientes con niveles medios entre 7-10 ng/ml dentro de los 15 días después del trasplante hepático tuvieron tasas

más bajas de pérdida de injerto durante el seguimiento en comparación con pacientes con niveles inferiores a 7 ng/ml o superiores a 10-15 ng/ml (riesgos relativos de 2.32 y 2.17, respectivamente). Estos hallazgos sugieren que en el período posterior al trasplante, un nivel de tacrolimus entre 7-10 ng/ml se asocia con mejores resultados. Sin embargo, debe tenerse en cuenta que, dado que el estudio no fue un ensayo aleatorizado, corre el riesgo de sesgo y confusión.

Un nivel de 6 ng/ml suele ser satisfactorio durante el periodo comprendido entre los 6-12 meses post-trasplante, siendo óptimo un nivel de mantenimiento comprendido entre 4-6 ng/ml a partir del 1° año de post-trasplante. Hay que destacar que se deben obtener niveles más altos en pacientes que son trasplantados por enfermedades hepáticas autoinmunes, incluida la colangitis biliar primaria (CBP) y la colangitis esclerosante primaria. Por el contrario, los sujetos trasplantados por enfermedad hepática alcohólica o hemocromatosis suelen tolerar niveles bajos de ICN después de su recuperación inicial.

Nuestro objetivo es utilizar la menor inmunosupresión posible para minimizar las complicaciones conocidas a largo plazo de estos medicamentos, tales como la insuficiencia renal y los trastornos linfoproliferativos postrasplante.

La insuficiencia renal inducida por los ICN es un problema grave después del trasplante de hígado. El problema se ha agrava debido a que el score empleado para establecer la indicación del trasplantes está basado en el score de MELD, donde uno de los parámetros contemplados es la creatinina. Se han probado varias estrategias renoprotectoras, que incluyen el cambio a inhibidores de la rapamicina (mTOR) o el uso de agentes inmunosupresores suplementarios alternativos.

Un análisis retrospectivo de pacientes que recibieron ya sea terapia doble con un ICN y un esteroide (n= 3884) frente a otro grupo que recibió una terapia triple con un ICN, esteroides y MMF (n= 4946 pacientes), encontró que el tratamiento triple se asoció a un 6% menos de riesgo ajustado de enfermedad renal progresiva y menor riesgo de muerte (*Lake J, et al. Clin Transplant 2009*). La enfermedad renal progresiva se definió como una disminución del 25 por ciento en la tasa de filtración glomerular estimada (eGFR) basada en la fórmula MDRD. Los autores plantearon la hipótesis de que el MMF podría mejorar la función renal al permitir reducir la dosificación del ICN mediante un efecto nefroprotector directo. Un ensayo prospectivo, multicéntrico comparó tacrolimus a dosis estándar (grupo A con una n= 183, con nivel del tacrólimus objetivo superior a 10 ng/ml) asociado a esteroides, frente a un grupo B

(n = 70), en el que se empleaban dosis bajas de tacrolimus, cuya nivel objetivo era de 8 ng/ml + esteroides + MMF 2 g/día y un grupo C con una n=172 (inducción con Daclizumab + MMF + esteroides y dosis reducida de tacrolimus retrasadas hasta el quinto día después del trasplante.

Se estableció como punto final primario un cambio en eGFR (fórmula de Cockroft-Gault) a las 52 semanas (*Neuberger JM, et al. Am J Transplant 2009*). El eGFR disminuyó en 23.6, 21.2 y 13.6 ml/min en los grupos A, B y C, respectivamente (grupo A versus grupo C, alcanzando una p=0.012 (estadísticamente significativa), mientras que grupo A frente a grupo B no (p= 0,199). Se requirió hemodiálisis con más frecuencia en el grupo A en comparación con el grupo C (10% versus 4%). El estudio histológico mediante biopsias hepáticas mostró tasas de rechazo agudo del 28%, 29% y 19%, respectivamente. La supervivencia del paciente y del injerto fue similar entre los grupos. Este estudio sugiere que el riñón es particularmente vulnerable a las lesiones en el período post-OLT inmediato. La dosificación retrasada de ICN redujo, pero no eliminó, la lesión renal.

La decisión de optar por uno u otro inhibidor específico de la calcineurina (ciclosporina o tacrólimus) en los receptores de trasplante hepático con VHC sigue sin estar clara. Una ventaja teórica de la ciclosporina es que inhibe la replicación in vitro del VHC (*Firpi RJ, et al. Liver Transpl 2006*). No se ha establecido si esto se traduce en un beneficio clínico, ya que los estudios han producido resultados dispares. Por ejemplo, un ensayo prospectivo y multicéntrico en receptores de trasplante hepático de VHC comparó ciclosporina y tacrolimus durante 12 meses desde el momento del trasplante (*Martin P, et al. Liver Transpl 2004*). No se observaron diferencias en la recurrencia probada histológicamente, y se observaron niveles más altos de ARN del VHC en el brazo que empleó ciclosporina.

Por el contrario, un estudio retrospectivo unicéntrico mostró una supervivencia del injerto significativamente mayor en los receptores de HCV que recibieron ciclosporina en comparación con tacrolimus durante 60 meses, aunque el brazo de ciclosporina fue considerablemente más pequeño (n = 15) que el brazo de tacrolimus (n = 89): (*Rayhill SC, et al. Transplant Proc 2006*).

La controversia fue abordada por un gran metanálisis que comparó el tacrolimus y la ciclosporina en cinco ensayos aleatorizados que estudiaron los resultados de la recurrencia de la hepatitis C (*Berenguer M, et al. Liver Transpl 2007*). Estos estudios fueron todos de, al menos un año de duración, e incluyeron datos sobre mortalidad, pérdida de injerto y rechazo agudo, pero fueron limitados en otros criterios de valoración (p. Ej., el grado de fibrosis) relacionados con el VHC. No hubo diferencias significativas en la mortalidad del paciente, supervivencia del injerto o el rechazo demostrado por biopsia. Se encontró hepatitis colestásica fibrosante, una forma grave de VHC recurrente en sólo 5 pacientes en el brazo de tacrolimus y 2 en el brazo de ciclosporina. Se observaron resultados similares en un segundo metaanálisis que incluyó nueve estudios (*Liu Z, et al. PLoS One 2014*).

Los datos combinados descritos anteriormente han dejado abierta la opción de de optar por un ICN u otro, pero la ciclosporina ahora se utiliza con menos frecuencia en los receptores de trasplante de hígado. La monitorización cuidadosa y estrecha de los niveles de los ICN podría ser más importante que el tipo de ICN finalmente seleccionado. Sí es verdad que la replicación del VHC disminuye el metabolismo del ICN, lo que da como resultado niveles más altos de fármaco (*Oo YH, et al. Liver Transpl 2008*). Los niveles más altos pueden deberse a la regulación a la baja de CYP3A4, lo que da como resultado una disminución del aclaramiento del fármaco. Como resultado, se requiere una monitorización cuidadosa de los niveles del ICN en los receptores de trasplante con VHC.

Por el contrario, cuando se usan agentes antivirales de acción directa (AAD) para tratar la hepatitis recurrente, hemos notado que los niveles de ICN tienden a disminuir. La causa más probable es que sean responsables de una mejoría en el metabolismo del fármaco en los hepatocitos no infectados (*Smolders EJ, et al. Int J Antimicrob Agents 2017*).

Los principales efectos secundarios del tacrólimus son la nefrotoxicidad, la neurotoxicidad, hiperglucemia o diabetes (más que ciclosporina), alopecia, trastornos gastrointestinales (hasta perforación gastrointestinal), hipertensión arterial, hiperpotasemia, prurito, hiperlipemia y osteoporosis. No tiene toxicidad hematológica al igual que la ciclosporina, aunque se han descrito casos de aplasia eritrocitaria pura. A diferencia de ésta no se asocia a hiperplasia gingival ni hirsutismo ni acné. También se han descrito de hipertrofia ventricular con tacrólimus y alargamiento del QT en electrocardiograma. Se ha asociado su consumo al desarrollo de trastornos linfoproliferativos secundarios a infección por el virus de Ebstein-Barr, cáncer de piel, de ahí que deba utilizar protección alta solar.

El tacrólimus es nefrotóxico, al igual que la ciclosporina, por aumentar las resistencias vasculares y disminuir el filtrado glomerular, así como el flujo plasmático renal. En diferentes estudios tacrólimus es responsable de mayor incidencia de insuficiencia renal que cuando se emplea la ciclosporina. A estos pacientes es

fundamental monitorizar las cifras tensionales, ya que tienen también más riesgo de desarrollar hipertensión arterial.

El efecto secundario más frecuente es la neurotoxicidad, manifestado por temblor (20%), que suele responder al ajustar la dosis de tacrólimus, siendo más infrecuente su aparición cuando se emplea la ciclosporina. La neurotoxicidad puede evolucionara formas más graves como convulsiones, confusión, psicosis, encefalopatia, coma, afasia de expresión, cefalea, insomnio y disestesias. De forma inusual se han descrito casos de leucoencefalopatia multifocal progresiva asociada al virus JC. El tacrólimus es un fármaco diabetógeno, de forma que en diabéticos suele emplearse preferentemente más la ciclosporina que el tacrólimus, especialmente si es portador de un virus de la hepatitis C.

Disponemos de varias presentaciones orales, una la más antigua, con fecha de autorización en 1996 (Prograf), que se toma 2 veces al día y otra de liberación prolongada (Advagraf), con fecha de autorización en 2007 y que se toma en una sóla toma diaria por la mañana. Recientemente fue autorizado en 2014 (Envarsus). Existen cápsulas de Prograf de 0,5 mg, de 1 mg y de 5 mg, mientras que las cápsulas de Advagraf disponemos de 0,5 mg, de 1 mg, de 3 mg y 5 mg. Envarsus presenta 3 dosificaciones (cápsulas de 0,75 mg, 1 mg y 4 mg). No deben masticarse y deben tomarse con bastante agua 1 hora antes de comer (estómago vacio). La administración de tacrólimus debe iniciarse pasadas las 12 horas de iniciada la cirugia de trasplante.

Debemos iniciar con Prograf o Tacrólimus por vía oral o por sonda nasogástrica a dosis de 0,04 miligramo por kilogramo de peso y dia, durante los 3-5 primeros días post-trasplante hepático, repartido en 2 dosis, la primera a las 7 horas y 30 minutos de la mañana y la segunda a las 19 horas y 30 minutos de la tarde. Así un paciente con un peso de 75 kilogramos, deberá recibir 3 mg cada 12 horas, lo que equivale a 3 comprimidos de 1 mg de Prograf a las 7:30 horas de la mañana y a las 19:30 horas la misma dosis. El objetivo es alcanzar durante estas 2 semanas unos niveles plasmáticos de tacrólimus entre 8-15 ng/mililitro. A partir de la 3° semana bajaremos la dosis con objeto de alcanzar unos niveles plasmáticos entre 8-10 ng/mililitro.

Para su determinación emplearemos el nivel valle, que corresponde a los niveles del fármaco antes de recibir la dosis de la mañana y que se suelen determinar a las 7:00 horas de la mañana los días lunes, miércoles y viernes durante las dos primeras semanas de post-TOH. De forma orientativa, debemos recordar que si un paciente tiene un peso de 50 kg recibirá 2 mg cada 12 horas, mientras que si pesa 60 kg (2,5 mg/12 horas), si 70 kg (3 mg/12 horas),

si 80 kg (3,5 mg/12 horas) y si tiene 90 o más kg de peso (4 mg/12 horas) aproximadamente.

Si lo que vamos a usar es el Advagraf, la dosis establecida será la misma que Progaf, pero en toma única por la mañana: 0,08 miligramos por kilogramo de peso y dia, a las 7:30 horas de la mañana del dia siguiente al trasplante. El rango terapéutico deberá estar comprendido entre 5-20 ng/ml durante las 2 primeras semanas y posteriormente entre 8-10 ng/ml. De forma orientativa, si un paciente pesa 75 kg, tomará en dosis única a las 7:30 horas de la mañana 6 mg cada 24 horas (1 comprimido de Advagraf de 5 mg y 1 comprimido de 1 mg de Advagraf juntos). Si lo que vamos a emplear es Envarsus, sería en dosis única a las 7:30 horas de la mañana un 1 comprimido de Envarsus de 4 mg junto con 2 comprimidos de 1 mg de Envarsus (6 mg/24 horas). De forma orientativa, si un paciente pesa 50 kg, y deseamos tratarlo con Advagraf o Envarsus, la dosis que le corresponderá será 4 mg cada 24 horas, mientras que si pesa 60 kg (5 mg/24 horas), si 70 kg de peso (6 mg/24 horas), si 80 kg (7 mg/24 horas) y si pesa 90 kg o más (8 mg/24 horas) de Advagraf o Envarsus.

Los fármacos que pueden aumentar los niveles plasmáticos de tacrólimus son los siguientes, por lo que será recomendable en estos pacientes reducir la dosis de tacrólimus: Ketoconazol, fluconazol, itraconazol, voriconazol, eritromicina, ritonavir, nelfinavir, saquinavir (inhibidores de la proteasa del VIH), clotrimazol, claritromicina, josamicina, nifedipino, nicardipino, diltiazem, verapamil, amiodarona, danazol, etinilestradiol, omeprazol, nefazodona, bromocriptina, cortisona, dapsona, ergotamina, lidocaina, mefenitoina, miconazol, midazolam, nilvadipino, noretisterona, quinidina, tamoxifeno, zumo de pomelo, lansoprazol, AINE, anticoagulantes orales, antidiabéticos orales, metoclopramida, cimetidina, hidróxido de magnesio-aluminio, ciclosporina, dapsona, doxiciclina.

Los fármacos que pueden disminuir los niveles plasmáticos de Tacrólimus, y por tanto, hay que tener en cuenta, pues aumentaria el riesgo de rechazo si no controlamos este aspecto son, lo que va a obligar a aumentar la dosis de tacrólimus: metamizol, carbamacepina, antituberculostatico isoniazida y rifampicina, fenitoína, hierba de San Juan o Hipericum perforatum, fenobarbital, corticoides a dosis de mantenimiento como metilprednisolona, carbutamida, clorpromacina, dexametasona, difenhidramina, griseofulvina, imipramina, meprobamat, fenobarbital, fenilbutazona, tolbutamida.

El tacrólimus como fármaco potencialmente nefrotóxico, tenemos que tener precaución controlando la función renal con: aciclovir, ganciclovir, aminoglucósidos (gentamicina, tobramicina, estreptomicina, amikacina, netilmicina), anfotericina B, cisplatino, ciclosporina, ciprofloxacino, cotrimazol, fluconazol, ganciclovir, ibuprofeno, imipenem, itraconazol, ketoconazol, melfalán, miconazol, norfloxacino, vancomicina. También tenemos que tener en cuenta el riesgo de hipercaliemia o elevación de los niveles de potasio, que también deberían ser monitorizados, especialmente cuando los pacientes toman los siguientes fármacos: potasion, triamtireno, espironolactona y amiloride.

También es conveniente destacar la posibilidad de efectos secundarios por tacrólimus como cataratas, acúfenos, hipoacusia, angina de pecho, arritmias cardiacas, por ello, debe hacerse electrocardiogramas o estudios cardiológicos periódicos. Puede asociarse a la presentación de úlceras gastrointestinales con perforación, pancreatitis aguda o crónica, alteración bioquimica hepática, ictericia o artralgias.

En resumen, la ciclosporina y el tacrolimus son potentes agentes inmunosupresores. Su disponibilidad nos ha permitido cambiar nuestro enfoque sobre el rechazo celular agudo y supervivencia postrasplante a corto plazo para el manejo a largo plazo de las complicaciones. Ambos tienen similares efectos adversos tales como la nefrotoxicidad, neurotoxicidad y anomalías electrolíticas, y ambos deben ser monitorizados sus niveles plasmáticos, lo que nos permitirá reajustar su dosis diaria en función del perido posttrasplante en el que nos encontremos.

Tacrolimus es superior a ciclosporina, en términos de prevención de rechazo agudo, rechazo resistente a esteroides, pérdida de injerto y muerte postoperatoria. Estos hallazgos han convertido al Tacrólimus como la terapia inmunosupresora de 1º línea en la mayoría de los centros de trasplante de hígado, a pesar de su mayor asociación con la diabetes mellitus postrasplante. La diabetes es una preocupación importante, ya que probablemente contribuirá al desarrollo de insuficiencia renal progresiva con tasas de prevalencia mayores conforme está aumentando la supervivencia de nuestros pacientes trasplantados. El pensamiento actual es que se necesita una inmunosupresión significativa en el período inmediato posterior al trasplante. Más allá de este período, las complicaciones de la inmunosupresión excesiva superan el riesgo cada vez menor de rechazo de órgano. Con una monitorización cuidadosa, dosis bajas de inmunosupresión suelen ser bien toleradas.

El **micofenolato mofetil** es un éster del fármaco propiamente activo (ácido micofenólico) y actúa como un inhibidor de la sintesis de "novo" de las purinas, concretamente mediante una inhibición no competitiva y reversible la enzima inosina monofosfato deshidrogenasa, que es necesaria para una correcta activación y proliferación de los linfocitos T y B. También disminuye la capacidad de adherencia de los linfocitos activados al endotelio vascular, por lo que su inhibición evita el rechazo frente al injerto y es responsable de la inhibición de la proliferación de los fibroblastos con efectos sobre el músculo liso arterial, reduciendo la tasa de rechazo vascular.

La absorción oral del ácido micofenólico es escasa, por ello, se desarrolló un derivado con mejor biodisponibilidad (Micofenolato mofetil), que es que se emplea en práctica clínica, el cual tras su absorción es hidrolizado en su compuesto activo (ácido micofenóli co). Se une a proteinas plasmáticas al 90%, siendo activa frente al rechazo sólo la fracción libre del mismo. Es metabolizaco por glucuronización hepática, eliminánse por la biliar a través de la circulación enterohepática, sin precisar de la bilis para su absorción. Sin embargo su vía preferente de eliminación es la renal con una vida media de 11 horas.

A diferencia de la ciclosporina y tacrolimus (inhibidores de la calcineurina), el micofenolato mofetil no tiene toxicidad hepática, renal, neurológica ni es responsable de efectos metabólicos como hipertensión arterial o diabetógeno, por lo que puede ser empleado como fármaco de rescate en pacientes con toxicidad por Ciclosporina o Tacrólimus.

Tiene sobre todo, 2 tipos de efectos secundarios: los gastrointestinales al igual que los anteriores y la mielotoxicidad o toxicidad hematológica asociada. Entre los efectos gastrointestinales tenemos: diarrea, naúseas, vómitos y dolor abdominal, efectos secundarios que obligan a suspender el fármaco sólo en un 5%. La mielotoxicidad, cuando aparece, suele ocurrir en el primer mes de terapia, sobre todo leucopenia (11%) y plaquetopenia menos frecuentemente.

También se asociado su empleo a largo plazo con mayor riesgo de linfomas (0,9%) y cáncer de piel, de ahí que recomendemos a estos pacientes el uso de cremas solares de protección ultravioleta alta. Su empleo se ha asociado a un aumento de infecciones bacterianas, fúngicas, víricas y protozoarias, incluso a reactivación de infección por el virus hepatitis B, de ahí de ahí la importancia de vacunarlos. También se ha asociado al desarrollo de hipogammaglobulinemia, de ahí que tengamos que monitorizar los niveles de inmunoglobulinas en sujetos tratados con Micofenolato mofetil o Cellcept. Se han descrito casos de bronquiectasias.

Es fundamental monitorizar con hemogramas periódicos el nivel de neutrófilos con controles de hemogramas 1 vez por semana

durante el 1° mes, cada 15 días durante los meses 2° y 3° post-TH y mensual hasta finalizar el 1° año post-TH. Si la neutropenia es inferior a 1300 leucocitos es recomendable suspender el tratamiento por otro inmunosupresor. Se han descrito también casos de aplasia eritrocitaria pura, que generalmente obliga a suspender el tratamiento, aunque podemos intentar reducir sus dosis para ver si se resuelve.

No es recomendable el empleo de vacunas de vivos virus, tipo varicela. También se han comunicado casos de hemorragias digestivas y perforaciones, al igual que ocurría con tacrólimus.Su nombre comercial es Cellcept. Generalmente se comienza en las 12 primeras del ingreso con la preparación intravenosa de Micofenola to mofetil (1 gramo en polvo para administración en perfusión diluida en 250 centímetros cúbicos de suero glucosado al 5% a pasar en 2 horas), pasando posteriormente a la presentación oral (cápsulas de Cellcept de 250 mg, de 500 mg y presentación en polvo para suspensión oral, donde 5 mililitro de solución reconstituida equivale a 1 gramo de micofenolato mofetil), estableciendo una dosis diaria de 1 gramo cada 12 horas, es decir, 2 comprimidos de 500 miligramos de Cellcept cada 12 horas.

No es preciso monitorizar los niveles plasmáticos del fármaco, a diferencia de lo que ocurría con ciclosporina o Tacrólimus. Las cápsulas no se deben masticar ni partir antes de su consumo. Como ya comentamos no requiere reajuste de dosis en insuficiencia renal crónica ni con insuficiencia hepática grave.

Disponemos también de otra preparación oral que contiene el principio activo del Cellcept. Es el llamado Myfortic comprimidos de 360 mg, que corresponde a su principio activo (ácido micofenólico como micofenolato de sodio). La dosis recomendada diaria es de 720 miligramos cada 12 horas (2 comprimidos de Myfortic cada 12 horas), que equivale a 1 gramo cada 12 horas de Cellcept.

Es importante tener en cuenta que el Micofenolato mofetil y Micofenolato sódico puede verse afectado por interacciones con fármacos como ciclosporina, sirolimus o colestiramina (circulación enterohepática). El Cellcept o el Myfortic son teratógenos, por lo que es recomendable el empleo de anticoncepción oral en mujeres y en hombres en edad fértil antes de recibirlo y hasta 6 semanas después de suspender los anticonceptivos, mientras que los varones que emplean preservativos, deberán emplearlo hasta 3 meses después de haber suspendido la medicación y sus parejas anticonceptivos orales.

Existe interacción de Cellcept o Myfortic con la colestiramina, que puede reducir los niveles del inmunosupresor, así como ciclosporina. Cuando se emplean antivirales con Ganciclovir o aciclovir es fundamental controlar la función renal (creatinina sérica), que en caso de deteriorarse sí podría tener efectos de interacción clínicamente significativos, mientras que si se mantiene normal, no lo son. No existen interacciones relevantes de Cellcept o Myfortic con anticonceptivos orales. Hay que tener precaución con el empleo de Rifampicina, al reducir niveles en algunos casos de inmunosupresor.

Si precisaramos el empleo de Sevelamer como quelante del fosfato en pacientes con insuficiencia renal, lo recomendable que haga la ingesta de este fármaco 1 hora antes o 3 horas después. No hay problema de interacción de Cellcept o Myfortic con el uso de Trimetroprim/sulfametoxazol, norfloxacino o metronidazol, pero sí cuando estos 2 últimos se asocían. También se puede emplear sin necesidad de reajuste antibióticos como ciprofloxacino o amoxi-clavulánico. Cellcept puede ser empleado con Tacrólimus (Prograf o Advagraf) sin necesidad de reajuste. Cellcept o Myfortic no debe ser empleado en mujeres lactantes.

El micofenolato mofetilo (MMF) es el inhibidor de la síntesis de purinas y pirimidinas que se ha vuelto más popular. La azatioprina, a veces se sustituye por el MMF en mujeres que están embarazadas o en edad fértil debido a una mayor experiencia de seguridad con ella en el embarazo, ya que el MMF tiene un riesgo de teratogenicidad de clase D de la FDA en el embarazo. Disponemos del micofenolato mofetilo (MMF, CellCept) y el micofenolato sódico (Myfortic). Ambas drogas se convierten en ácido micofenólico (MPA) y se eliminan predominantemente mediante glucuronidación y excreción urinaria.

El MPA inhibe la inosina monofosfato deshidrogenasa (IMPDH) y previene la formación de monofosfato de guanosina (GMP). Las células depleccionadas de GMP no pueden sintetizar guanina trifosfato (GTP) o desoxiguanina trifosfato (d-GTP) y, por lo tanto, no pueden replicarse. La mayoría de las células de mamíferos son capaces de mantener los niveles de GMP a través de la ruta de rescate de purinas. Sin embargo, los linfocitos carecen de una enzima clave de la vía de rescate de guanina (hipoxantina-guanina fosforribosiltransferasa) y no pueden superar el bloqueo inducido por MPA. Como resultado, el MPA inhibe selectivamente la proliferación de los linfocitos B y T.

Los informes sobre el uso de MMF en el trasplante de hígado comenzaron a aparecer a fines de la década de 1990 (*Hood KA, et al. Am J Health Syst Pharm 1997*). El MMF al no causar neurotoxicidad o nefrotoxicidad constituye un agente ahorrador de esteroides. Los efectos secundarios generalmente se relacionan con la dosis y mejoran con la reducción de la dosis temporal o perma

nente. La dosificación habitual es de 1 g dos veces al día. Los pacientes pueden tolerar mejor el medicamento si se dosifica inicialmente en 500 mg dos veces al día o 500 mg cuatro veces al día.

Myfortic (ácido micofenólico) está formulado como tabletas de 360 mg y generalmente se administra en dos tabletas (720 mg) por vía oral cada 12 horas. El papel del MMF es similar al del sirolimus, ya que se usa para reducir o interrumpir la dosificación de ICN para tratar los efectos secundarios. Los estudios sugieren que la monoterapia con MMF puede ser efectiva en ciertas situaciones, tal como se puso de manifiesto en los siguientes estudios:

1) Un ensayo aleatorizado, que incluyó a 150 pacientes que habían recibido un trasplante de hígado fueron aleatorizados a reci-

bir una terapia de tratamiento con un ICN, mientras que otros quedaron con MMF en monoterapia (*Schmeding M, et al. Transplantation 2011*). El tiempo medio entre el trasplante de hígado y la inclusión en el estudio fue de 4,9 años para los pacientes con terapia continuada con ICN y de 5,7 años para los asignados a MMF. Después de cinco años de seguimiento, no hubo diferencias significativas entre los que continuaron con un ICN y los que cambiaron a MMF en cuanto a las tasas de rechazo crónico o supervivencia del paciente. Hubo una tendencia hacia tasas más bajas de rechazo agudo en el grupo ICN (3 versus 11 por ciento, p = 0.055). Todos los pacientes con rechazo agudo fueron tratados exitosamente con terapia de pulso esteroideo. Entre los pacientes con insuficiencia renal, la función renal mejoró en aquellos cambiados a MMF. No hubo diferencias significativas entre los grupos con respecto a las tasas de malignidad o eventos adversos cardiovasculares, gastrointestinales o neurológicos.

2) En un estudio prospectivo abierto, 19 pacientes de la Universidad de Washington cambiaron de azatioprina a MMF + ciclosporina, que luego fue reducida (*Hebert MF,et al. Transplantation 1999*). Después de cinco años, 7 pacientes permanecieron sin ciclosporina y 6 pacientes recibieron monoterapia con MMF. La creatinina sérica en los 7 pacientes sin ciclosporina disminuyó significativamente (de 2.2 a 1.9 mg/dl), mejorando el aclaramiento de

creatinina (de 38 a 47 ml/min). El control de la hipertensión arterial también mejoró. El MMF fue bien tolerado, aunque 6 pacientes requirieron reducciones de dosis.

La inmunosupresión adicional de MMF también puede permitir la interrupción temprana o incluso el no empleo de esteroides (*O'Grady JG. Drugs 2006*).

La azatioprina es un profármaco de 6-mercaptopurina, que es un antimetabolito que inhibe la síntesis de purinas. Al impedir la síntesis de novo de las purinas y, por lo tanto, al interferir con la síntesis de ARN y ADN, la azatioprina inhibe la replicación de las células T y B. Generalmente se administra a una dosis de 1,5-2.0 mg/kg/día.

También se pueden emplear **anticuerpos monoclonales**, tales como el **Orthoclone** (anticuerpo monoclonal anti-CD3 OKT3 o Muromonab-CD3), que dificulta el reconocimiento del antígeno, así como anticuerpos monoclonales que impiden la unión de la interleucina 2 con su receptor, uno quimérico como **Basiliximab (Simulect)** y otro de origen humano como **Daclizumab (Zenapax)**.

Muromonab-CD3 (Orthoclone OKT3) fue el primer anticuerpo monoclonal aprobado para su uso en el trasplante de órganos sólidos. Está dirigido contra el complejo CD3-antígeno en células T maduras. Los OK3 o Orthoclone reconoce el receptor CD3 presente en los linfocitos T maduros, actuando sobre ellos y bloqueando las funciones inmunológicas de la celula T implicada en el rechazo del injerto. Su uso está encaminado a intentar revertir rechazo resistente a esteroides.

Destacamos un ensayo, que incluyó a 28 pacientes con rechazo resistente a esteroides que fueron asignados aleatoriamente a un tratamiento posterior con esteroides versus OKT3 (*Cosimi AB, et al. Transplantation 1987*). En el grupo de esteroides, 3 de 13 pacientes respondieron rápidamente a metilprednisolona, mientras que los 10 pacientes restantes se tuvieron que rescatar con OKT3 tras un fracaso con esteroides. De estos 10 pacientes, nueve respondieron al OKT3, de los cuales siete evolucionaron favorablemente durante el seguimiento. Y de hecho, en el grupo OKT3, 11 de 15 respondieron en las primeras 72 horas. Dos pacientes con ausencia de respueta a OKT3 fueron rescatados con esteroides, siendo uno retransplantado y el otro desafortunadamente fallecería por sepsis.

Las dos o tres dosis iniciales típicamente causan un síndrome de liberación de citoquina caracterizado por fiebre elevada (75%), escalofríos (60%), cefalea, dolor de pecho, taquicardia, disnea (20%), sibilancias, náuseas, diarrea y vómitos, así como hipotensión. El inicio generalmente se produce una hora después de la primera infusión, y los síntomas generalmente se resuelven en cuatro a seis horas, siendo menos significativa clinicamente en la segunda, autolimitándose a partir de las 3° dosis. Se ha recomendado una velocidad de infusión más lenta junto con el pretratamiento con 1 g de hidrocortisona (primera dosis solamente), 650 mg de paracetamol y 25 mg de difenhidramina.

Con el empleo de OKT3 se han notificado la aparición de edema pulmonar por aumento de la permeabilidad de capilares

pulmonares, fenómenos de trombosis arterial, hipotensión e hipertensión arterial, convulsiones generalizadas, encefalopatia, psicosis, que han obligado a suspensión del fármaco. El edema pulmonar debe excluirse con una radiografía antes de la infusión, y los síntomas deben tratarse agresivamente con diuréticos.

También se han descrito casos de meningitis aséptica caracterizada por la presencia de fiebre, cefalea y disminución del nivel de conciencia. La punción lumbar revela pleocitosis en el líquido cefalorraquídeo, aumento de las proteinas en él con cultivo negativo a infección. La clínica suele desaparecer al suspender en 24 horas y si son síntomas más leves entre las 72 horas y la semana de su administración. La meningitis asintomática generalmente responde a 100 mg de hidrocortisona antes de cada infusión.

La dosis de OKT3 es de 5 miligramos diarios durante 10-14 días consecutivos. Debe emplearse una vía central y es preciso para prevenir la aparición del síndrome de liberación de citoquinas el empleo durante las primeras 48 horas de metilprednisolona (Urbason 500 mg intravenosos), asociado a famotidina y primperam con paracetamol intravenosos.

El éxito del tratamiento con OKT se asocia con una disminución rápida en las células T CD3 (+). Un descenso inicial seguido de un ascenso progresivo de estas células indica la aparición de anticuerpos bloqueantes, por ello, es recomendable una monitorización estrecha del recuento absoluto de neutrófilos. Generalmente se recomienda que aquellos pacientes que no presenten una disminución de estas celulas por debajo de 500 células/ml deberían recibir una doble dosis de OKT3 para bloquear el desarrollo de estos anticuerpos.

La eficacia de OKT3 está marcada por el potencial riesgo de complicaciones, registrándose peores resultados en pacientes con hepatitis C recurrente y trastorno linfoproliferativo postrasplante. La aparición de esta última entidad podría ser mayor en pacientes trasplantados por VHC

Dos grandes series publicadas mostraron incidencias notablemente similares de incidencia de trastorno linfoproliferativo postrasplante: un 3% en un estudio de Dallas (*Sanchez EQ, et al.*

Liver Transpl 2002) y un 3% también en una serie de la Clínica Mayo (*Kremers WK, et al. Am J Transplant 2006*). El grupo de Dallas no mostró relación con el uso de OKT3 o la gravedad del rechazo, pero el estudio de Mayo mostró una correlación significativa con OKT3 (hazart ratio=3.6), dosis altas de esteroides (HR= 4.5) o ambos (HR=3.6). Esta posible asociación con el desarrollo potencial de trastornos linfoproliferativos postrasplante está dando lugar a que se tienda cada vez más hacia una reducción del uso de

OKT3 en pacientes infectados por el VHC (*Khalili M, et al. Clin Transplant 2006*).

Tanto **Basiliximab (Simulect)** como **Daclizumab (Zenapax)** son anticuerpos monoclonales humanizados contra el receptor de IL-2. **Basiliximab o Simulect** es un anticuerpo monoclonal quimérico (parte murino y parte humano) recombinante, que actúa sobre la cadena alfa del receptor de la interleucina 2 (anti-CD25). El bloqueo del receptor de IL-2 evita la proliferación de células T. La estructura quimérica hace que ambas preparaciones sean menos inmunogénicas que OKT3, y tienen vidas medias más largas y son mejor toleradas. Basiliximab, por ejemplo, tiene una vida media de eliminación de 4.1 ± 2.1 días, y la saturación completa de la cadena alfa del receptor de interleuquina-2 generalmente se consigue mantener, siempre que las concentraciones séricas sean superiores a 0.1 microgramos por mililitro. La duración media de la saturación del receptor fue de 23 +/- 7 días después del trasplante (rango de 13 a 41 días). La vida media puede disminuir en caso de hemorragia o ascitis.

Se ha demostrado una eficacia similar de daclizumab administrado a dosis de 2 mg/kg de peso en los días 1 y 3 posttrasplante, seguido de 1 mg/kg en el día 8 posts-trasplante (*Washburn WK, et al. Liver Transpl 2006*). La supresión de CD25 se confirmó hasta el día 30, y se observaron efectos máximos con una concentración de daclizumab de al menos 5 microgramos/ml.

De manera similar, un estudio no aleatorizado con daclizumab a dosis de 2 mg/kg antes del injerto y 1 mg/kg el día 5 posttrasplante hepático resultó en una tasa de rechazo mucho menor en los primeros seis meses (18% versus 40%), con mejoría marcada de la función renal y sin un aumento de infección de citomegalovirus (CMV) o complicaciones infecciosas, comparado con un grupo control tratado con inmunosupresión estándar (*Eckhoff DE, et al.Transplantation 2000*).

Daclizumab fue retirado del mercado en 2009 por razones comerciales, sin que se hubieran identificado problemas clínicos.

Estos anticuerpos monoclonales suelen usarse para reducir el uso de inhibidores de la calcineurina (ICN) en pacientes con enfermedad renal pre-trasplante (*Emre S, et al. Liver Transpl 2001*), o bien, para reducir el uso de esteroides (*Liu CL, et al. Liver Transpl 2004*).

Un estudio aleatorizado multicéntrico comparó tacrolimus más esteroides (347 pacientes) con un grupo libre de esteroides (tacrolimus más daclizumab con 351 sujetos). La incidencia de rechazo agudo resistente a glucocorticoides confirmado por biopsia fue mayor en el grupo tacrólimus más esteroides (6% versus 3%),

aunque la supervivencia del injerto y la del paciente fue comparable. Los perfiles generales de eventos adversos fueron similares, pero las incidencias de diabetes mellitus (15% versus 6%) y de infección por CMV (12% versus 5%) fueron significativamente más altas en el grupo de . Los niveles medios de colesterol aumentaron en un 16 por ciento en el grupo tacrólimus más esteroides, mientras que no se modificaron en el grupo de tacrolimus más daclizumab.

Simulect o Basiliximab se presenta en viales de 20 mg en polvo que se reconstituye para administración en bolo intravenoso (disuelto con 5 centímetros cúbicos de agua reconstituyente), o bien en perfusión continua diluido en 100 centímetros cúbicos de suero fisiológico a pasar en 30 minutos. Se debe administrar 2 dosis de 20 mg intravenoso del Basiliximab o Simulect: la primera una dosis de 20 mg intravenosos diluido en 100 centímetros cúbicos que se administrará en las 6 pirmeras horas del ingreso y una segunda dosis igual en el día 4 post-trasplante, por lo que antes de administrar la primera dosis tenemos que estar seguro que el paciente va a trasplantarse.

Se han descrito casos de hipersensibilidad severa al fármaco durante la primera dosis, que en caso de producirse debe evitarse la administración de la 2° dosis, dado que tiene una parte murina. Cuando éstas ocurren suele tener lugar en las primeras 24 horas y se caracteriza por erupción cutánea, urticaria, prurito, estornudos, sibilancias, hipotensión, taquicardia, disnea, broncoespasmo, edema pulmonar, insuficiencia cardiaca, insuficiencia respiratoria y síndrome de extravasación capilar. Se han descrito un aumento de la infecciones oportunistas, sobre todo citomegalovirus y linfomas. No deben administrarse vacunas de virus vivos. Al ser un anticuerpo monoclonal no es esperable interacciones farmacológicas. Las mujeres deben emplear anticonceptivos orales durante el tratamiento y hasta 4 meses después de la finalizar Simulect. No debe ser empleado en mujeres lactantes.

Suele ser empleado asociado a ciclosporina y esteroides, o bien, asociado a esteroides con micofenolato mofetil en pacientes con insuficiencia renal crónica, con objeto de evitar el empleo de anticalcineurínicos durante la fase de inducción.

Los efectos secundarios de Simulect o Basiliximab suelen ser estreñimiento, infección urinaria, nauseas, edemas periféricos, hipertensión arterial, anemia, cefalea, hipercalcemia, hipercolesterolemia, aumento del peso, elevación de la creatinina sérica, hipofosfatemia, diarrea o infecciones del tracto respiratorio superior.

El Basiliximab o Simulect se emplea como terapia de inducción en sujetos con disfunción renal pretrasplante o elevado riesgo de aparición tras él, con objeto de evitar el empleo de anticalcineurínicos (Tacrólimus o Cellcept) o (Ciclosporina o Sandimum), especialmente en las siguientes situaciones: sujetos con ascitis refractaria pretrasplante, síndrome hepatorrenal pretrasplante, fallo hepático fulminante o subfulminante, nivel de creatinina pretrasplante mayor de 1,5 miligramos por decílitro o tasa de filtrado glomerular menor de 50 mililitro por minuto, o bien, la presencia de más de 3 litros de ascitis en el momento del trasplante hepático.

Ya hemos comentado los aspectos sobre los anticuerpos monoclonales, por lo que a continuación vamos a hacer mención acerca los anticuerpos policlonales disponibles: la **globulina anti-**

timocítica o timoglobulina y la **globulina antilinfocítica**. Se obtienen inmunizando animales frente a poblaciones mixtas de timocitos. Las preparaciones resultantes tienen anticuerpos contra múltiples antígenos de células T, que incluyen CD2, CD3, CD4 y CD8.

Se administran empleando una vía central y dan como resultado una linfopenia profunda, mediante una lisis celular mediada por complemento y la captación de células opsonizadas. La repoblación ocurre entre 3 y 10 días. Los anticuerpos policlonales se han utilizado para la inducción de inmunosupresión o el tratamiento del rechazo resistente a esteroides. Una revisión de los datos del Registro Científico de Receptores de Trasplante durante el periodo comprendido entre 1993 y 2003 mostró que los anticuerpos se usaban comúnmente en otros tipos de trasplantes, siendo infrecuente su uso en el trasplante hepático (<20%): *Shapiro R, et al. Am J Transplant 2005.*

Más recientemente, otro estudio evaluó la eficacia de la timoglobulina de conejo después del trasplante de hígado. La serie incluyó 500 pacientes que recibieron una dosis única de Solumedrol seguido de inducción de timoglobulina. Los pacientes también recibieron micofenolato mofetil y tacrolimus o sirolimus. El tacrolimus o sirolimus fue suspendido a los tres meses. Después de un año, las tasas de supervivencia del paciente y del injerto fueron del

93% y 90%, respectivamente. El rechazo ocurrió en un 23% y un 7% requirieron esteroides. Las complicaciones con estos agentes incluyen fiebre, escalofríos, erupción cutánea, anemia, trombocitopenia, enfermedad del suero y nefritis. Por todo ello, en práctica clínica son más frecuentemente empleados los anticuerpos monoclonales que éstos.

También disponemos de otros 2 fármacos inmunosupresores, que son inhibidores de la proteina m-TOR o agentes bloqueantes de la señal intranuclear de proliferación): Sirolimus (Rapamune) y Everolimus (Certican).

El **Sirolimus o Rapamune** es un antibiótico macrólido producido por Streptomyces hygroscopicus, constituyendo un potente agente inmunosupresor aprobado por la Administración de Alimentos y Medicamentos de los Estados Unidos (FDA) para el trasplante renal en 1999. Es estructuralmente similar a tacrolimus y se une a la proteína de unión a FK, pero no inhibe la calcineurina. En cambio, bloquea la señal de transducción del receptor de IL-2, lo que inhibe la proliferación de células T y B. Su ventaja sobre los inhibidores de la calcineurina (ICN) es su ausencia de nefrotoxicidad y neurotoxicidad. Sin embargo, los efectos secundarios de sirolimus lo han relegado al estado de un importante medicamento de segunda línea.

Sirolimus se usó como agente único o como parte de la terapia doble (sirolimus y ciclosporina) o triple (sirolimus, ciclosporina y prednisolona). El rechazo se observó con mayor frecuencia con la monoterapia, raramente con terapia dual y en absoluto con terapia triple. Además, todos los pacientes estaban en monoterapia con sirolimus a los tres meses post-trasplante.

Aunque el sirolimus se une a su objetivo (proteína de unión a FK) con mayor afinidad que el tacrolimus, los dos fármacos actúan sinérgicamente, en lugar de competitivamente, para evitar el rechazo. Esto condujo a la hipótesis de poder combinarlos a dosis baja, con posibilidad de reducir la incidencia de problemas asociados al tacrolimus. En un estudio de 56 pacientes, empleando esta combinación, la supervivencia del paciente y del injerto a los 23 meses fue de 93% y 91%, respectivamente (*McAlister VC, et al. Liver Transpl 2001*). Se observó un caso de trombosis de la arteria hepática en esta serie.

El sirolimus puede ser especialmente útil como sustituto en casos de intolerancia a inhibidores de la calcineurina (principalmente por presencia de insuficiencia renal y neurotoxicidad): *Watson CJ, et al. Liver Transpl 2007*. Sin embargo, sus beneficios en la insuficiencia renal siguen sin resolverse. Si bien los análisis retrospectivos no mostraron una mejoría de la función renal en pacientes cambiados a sirolimus (*DuBay D, et al. Liver Transpl 2008*), sin embargo, un pequeño ensayo aleatorizado controlado sí que mostró mejoría (*Watson CJ, et al. Liver Transpl 2007*). En éste, los receptores de trasplantes con enfermedad renal subyacente se cambiaron a sirolimus al menos seis meses después del trasplante de hígado. La tasa de filtración glomerular mejoró en tres meses. Sin embargo, no se informaron los resultados a largo plazo, y dos pacientes en el brazo de sirolimus desarrollaron un rechazo agudo.

Un análisis retrospectivo no mostró beneficio para la función renal cuando los pacientes con insuficiencia renal crónica

pasaron de los inhibidores de la calcineurina a sirolimus (*DuBay D, et al. Liver Transpl 2008*). Este estudio sugiere que la disfunción renal producida por lo inhibidores de la calcineurina se hace irreversible en algún momento, de ahí la importancia de la optimización de los inhibidores de la calcineurina. Del mismo modo, otro estudio mostró que la conversión temprana (menos de 90 días) a sirolimus se asoció con una función renal mejorada, mientras que el beneficio de la conversión tardía fue limitada (*Rogers CC, et al. Clin Transplant 2009*).

Una revisión sistemática que incluyó 11 estudios encontró un pequeño aumento (3,4 ml/min) no significativo en la tasa de filtración glomerular después de un año de uso de sirolimus en pacientes que recibieron sirolimus como inmunosupresión primaria debido a insuficiencia renal o que se cambiaron a sirolimus de otro régimen debido a la nefrotoxicidad (*Asrani SK, et al. Hepatology 2010*). Sin embargo, el uso de sirolimus se asoció con mayores tasas de infección, erupción cutánea, úlceras y la interrupción de la terapia. El sirolimus no se asoció con un mayor riesgo de fallo o muerte del injerto, aunque los datos que informaron estos resultados fueron incompletos.Se necesitan ensayos con un seguimiento más prolongado para aclarar si éste se asocía o no a una mejora potencial de la función renal, sin incremento del riesgo de rechazo.

Sirolimus también se ha propuesto como la opción terapéutica de elección para pacientes con carcinoma hepatocelular, debido a su actividad antiproliferativa (*Zimmerman MA, et al. Liver Transpl 2008*). Este beneficio aún no se ha demostrado en ensayos prospectivos. Finalmente, aunque no está respaldado por publicaciones, muchos centros de trasplantes consideran al sirolimus como una terapia inadecuada en monoterapia, de ahí que generalmente se tenga que agregar un segundo agente terapéutico cuando cambie es preciso sustituir un inhibidor de la calcineurina por cualquier motivo.

Entre los efectos secundarios de sirolimus se incluyen la trombosis de la arteria hepática, un retraso de la cicatrización y hernias incisionales, mientras que el uso crónico se ha asociado con hiperlipidemia, supresión de la médula ósea, úlceras bucales, erupciones cutáneas, albuminuria y neumonía. En 2008, la FDA actualizó el etiquetado de sirolimus para incluir un recuadro de advertencia que indicaba que el uso de sirolimus se asociaba con una mortalidad excesiva, pérdida de injerto y trombosis de la arteria hepática después del trasplante hepático, y que su uso de novo en receptores de trasplante hepático no era recomendado (http://www.accessdata.fda.gov/drugsatfda_docs/label/2008/02108 3s033,021110s043lbl.pdf).

También destacamos otro informe que indicaba que sirolimus tenía más probabilidades de causar hiperlipidemia cuando se administraba con ciclosporina que con tacrolimus. Estos contrastan con un estudio que informó una incidencia del 49 por ciento de hiperlipidemia en pacientes que cambiaron de una monoterapia con CNI a monoterapia con sirolimus.

Otro estudio retrospectivo comparó 170 pacientes tratados con sirolimus como terapia inicial en comparación con 180 controles históricos (*Dunkelberg JC, et al. Liver Transpl 2003*). No se observaron diferencias significativas en las complicaciones de la herida o complicaciones de la arteria hepática. Finalmente, un gran estudio retrospectivo encontró complicaciones que incluyeron edema, dermatitis, úlceras orales, dolores en las articulaciones, derrames pleurales, trombosis de la arteria hepática y una deshiscencia de sutura (*Montalbano M, et al. Transplantation 2004*). Los resultados informados en los estudios anteriores no han sido validados en estudios prospectivos.

Un ensayo aleatorizado abierto descubrió que los pacientes que pasaron de un inhibidor de la calcineurina a sirolimus presentaron tasas elevadas de rechazo agudo pero una mortalidad similar a los 12 meses (*Abdelmalek MF, et al. Am J Transplant 2012*).

Debido a que el uso prolongado de inhibidores de la calcineurina (ICN), como el tacrolimus, se asocia con la enfermedad renal, **Everolimus** se ha estudiado como una alternativa para la inmunosupresión a largo plazo. La FDA recomienda que ambos mTORs, everolimus y sirolimus, no se usen antes de los 30 días después del trasplante hepático, debido a que su empleo antes se ha asociado a un mayor riesgo de trombosis de la arteria hepática (http://www.fda.gov/Safety/MedWatch/SafetyInformation/ucm303 659.htm).

El régimen inmunosupresor inicial después del trasplante y el momento óptimo de retirada de los inhibidores de la calcineurina no está claro. Tres ensayos que incluían Everolimus comparado con el tratamiento con terapia estándar con inhibidores de la calcineurina generalmente han mostrado beneficio en los parámetros de la función renal para los grupos que empleaban everolimus, pero su eficacia en comparación con la terapia estándar con inhibidores de la calcineurina necesitaría de más estudios (*Saliba F, et al. Am J Transplant 2017*).

En un ensayo en el que incluyeron 188 receptores de trasplante de hígado, evidenciaron que todos aquellos que recibieron inicialmente terapia de inducción con basiliximab y micofenolato de sodio con cubierta entérica (con o sin esteroides), la función renal fue mejor en la semana 24 post-trasplante en aquellos pacientes que recibieron everolimus más tacrolimus con descenso progresivo de la dosis de tacrólimus y suspensión de éste en la semana 16 post-trasplante, comparado con aquellos pacientes que seguían recibiendo tacrólimus (filtrado glomerular medio de 96 ml/min frente a 76 ml/min): *Saliba F, et al. Am J Transplant 2017*. Las tasas de fracaso del tratamiento (definidas como rechazo agudo comprobado mediante biopsia, pérdida de injerto o muerte) a las 24 semanas no fueron significativamente diferentes entre los grupos.

En otro ensayo de 303 receptores de trasplante hepático con filtrado glomerular mayor de 50 ml/min que recibieron terapia de inducción basiliximab seguida de un inhibidor de la calcineurina (con o sin esteroides) durante cuatro semanas después del trasplante y que luego continuaron con un inhibidor de la calcineurina o fue sustituido por Everolimus, la media del filtrado glomerular calculado (Cockroft-Gault) a los 11 meses no mostró diferencias entre los regímenes (*Fischer L, et al. Am J Transplant 2012*). Las tasas de mortalidad y rechazo agudo comprobado por biopsia fueron similares en ambos grupos.

En un ensayo abierto, los receptores de trasplante hepático recibieron inmunosupresión estándar con esteroides y tacrólimus durante 30 ± 5 días y luego fueron asignados aleatoriamente a tres grupos: grupo 1 (everolimus), grupo 2 (everolimus con dosis reducida de tacrolimus), o bien, grupo 3 (tacrolimus a dosis estándar): *De Simone P, et al. Am J Transplant 2012*. Debido a que se observó una alta tasa de rechazo agudo en el brazo sin tacrolimus, el reclutamiento para este grupo se suspendió. El estudio final incluyó 719 pacientes. El punto final primario, que fue la tasa de fracaso del tratamiento (es decir, rechazo agudo probado por biopsia, pérdida del injerto o muerte a los 12 meses después del trasplante), ocurrió en el 20% de los receptores de everolimus en monoterapia, en el 6.5% por ciento de los receptores con biterapia con everolimus más tacrólimus, y el 9.5% por ciento de los receptores con tacrólimus. El cambio en la tasa de filtración glomerular ajustada desde la aleatorización hasta el mes 12 fue superior en el grupo everolimus más tacrólimus en comparación con tacrólimus solo, con una diferencia de 8,5 ml/min.

Everolimus (Certican) es el derivado hidroxietílico de sirolimus. Están disponibles comprimidos de 0,25 mg, 0,50 mg, 0,75 mg y de 1 gramo. El mecanismo de acción de everolimus es, a través de la inhibición de mTOR, similar al sirolimus. El everolimus se absorbe rápidamente y alcanza una concentración máxima dentro de 1-2 horas si se administra con el estómago vacío. Los alimentos grasos retardan la absorción. Tiene una mayor disponibi

lidad oral y menor unión al plasma que el sirolimus y una vida media de eliminación de 30 ± 11 horas.

La dosis inicial es de 0,75 mg cada 12 horas, y el objetivo es alcanzar un nivel valle entre de 3-8 ng/dl (*Shipkova M, et al. Ther Drug Monit 2016*). El metabolismo es a través del CYP3A4, 3A5 y 2C8, y se conocen interacciones con azoles (voriconazol, fluconazol, ketoconazol, itraconazol), macrólidos (claritromicina,eritromicina), agentes antiepilépticos (fenitoina, fenobarbital, carbamacepina), antagonistas del calcio (verapamilo, nicardipino, diltiazem), agentes antivirales (ritonavir, efavirenz, nevirapina, nelfinavir, inidinavir o amprenavir) y zumo de pomelo. El aclaramiento de everolimus es aproximadamente 20 por ciento más alto en pacientes negros.

Los efectos secundarios de everolimus parecen estar relacionados con la dosis y son similares a los observados con el sirolimus, y pueden incluir anemia, edema periférico, elevaciones de la creatinina sérica cuando se usan dosis completas de inhibidores de la calcineurina, diarrea, náuseas e infecciones del tracto urinario e hiperlipidemia, así como úlceras bucales.

También se están investigando otras moléculas como Alemtuzumab es un anticuerpo monoclonal humanizado que repara el complemento y anti-CD52. CD52 se expresa en la superficie de linfocitos B, linfocitos T, macrófagos, monocitos y eosinófilos.

A través de la activación del complemento, el alemtuzumab conduce a un agotamiento profundo de los linfocitos. Está aprobado por la Administración de Drogas y Alimentos de los EE. UU. Para el tratamiento de la leucemia linfocítica crónica de células B, pero también se ha utilizado para la inmunosupresión luego del trasplante de órganos sólidos. En el trasplante de hígado, alemtuzumab ha sido propuesto como un método para disminuir el uso de inhibidores de esteroides y calcineurina (*Marcos A, et al. Transplantation 2004*).

Sin embargo, la preocupación acerca de la inmunosupresión profunda con complicaciones infecciosas concomitantes y el potencial riesgo de enfermedad linfoproliferativa ha reducido el entusiasmo por alemtuzumab, aunque una revisión apoya estudios adicionales (*Dhesi S, et al. Curr Opin Organ Transplant 2009*).

El tacrolimus sigue siendo el pilar de la inmunosupresión en muchos centros. Para los pacientes con insuficiencia renal pretrasplante en los que deseamos minimizar el uso de inhibidores de la calcineurina (ICN), generalmente usamos preparaciones de anticuerpos en el período inmediato posterior al trasplante junto con inhibidores de la calcineurina diferidos.

La enfermedad renal que empeora lentamente en el período de trasplante hepático tardío post-ortotópico se puede tratar mediante la reducción de la dosis de ICN, con la adición de MMF, o mediante el cambio a sirolimus o everolimus.

Algunos pacientes desarrollarán tolerancia inmunológica después del trasplante de hígado y pueden dejar de tomar inmunosupresores. Sin embargo, debido al riesgo de rechazo irreversible del injerto, y debido a que no tenemos herramientas para evaluar qué pacientes son buenos candidatos para suspender la inmunosupresión, nunca es recomendable el cese completo de la inmunosupresión.

El objetivo de la inmunosupresión es alcanzar el mejor equilibrio entre conseguir la máxima eficacia para el evitar el rechazo del injerto y el uso de la mímima dosis posible o combinación con menor número de inmunosupresores suficiente para evitar así la incidencia de infecciones oportunistas, neoplasias de novo, la menor toxicidad farmacológica, en especial, la nefrotoxicidad, hipertensión arterial, diabetes mellitus, dislipemia u osteoporosis.

La inmunosupresión de inducción es la que se realiza durante los 3 primeros meses del trasplante hepático, que es periodo durante el cual es máximo el riesgo de rechazo del injerto hepático. Existen 6 pautas distintas posible en la inmunosupresión de inducción, que son las siguientes:

a) Biterapia basada en esteroides + inhibidor de la calcineurina (ciclosporina + esteroides o tacrólimus + esteroides). Existen 2 estudios prospectivos, multicéntricos, aleatorizados, en los que se demostró que la incidencia de rechazo agudo, de rechazo agudo resistente a esteroides, así como el rechazo agudo refractario durante los 6 primeros meses post-trasplante era significativamente inferior con tacrólimus que con ciclosporina (*The U.S. Multicenter FK506 liver Study Group. N Engl J Med 1994 y European FK506.*

Lancet 1994), poniéndo de manifiesto que la supervivencia del paciente y del injerto a los 3 años post-trasplante hepático era superior en los pacientes tratados con Tacrólimus. También destacamos el estudio que demostró que la monitorización de los niveles de ciclosporinemia a las 2 horas de la dosis (C2) optimizaba los resultados en terapia ciclosporina comparado con los niveles valle (C0), al disminuir la incidencia del rechazo.

En un metanálisis que comparó tracrólimus frente a ciclosporina se demostró que el tacrólimus disminuye significativamente el riesgo de muerte (15% menos), de pérdida del injerto (22% menos), rechazo agudo (18% menos), rechazo agudo resistente a esteroides (43% menos). La creatinina sérica, necesidad de diálisis y la incidencia de enfermedad linfoproliferativa al año del trasplante hepático fue similar para ambas, siendo mayor la incidencia de diabetes de novo (*McAlister VC, et al. Am J Traspl 2006*).

Por otro lado, en los pacientes trasplantados hepáticos con infección crónica por virus hepatitis C (VHC) en un metánalisis que comparó la ciclosporina frente a tacrólimus, puso de manifiesto que la incidencia de hepatitis colostásica fibrosante, fibrosis grave F3-F4, rechazo agudo, rechazo resistente a esteroides, así como la supervivencia del pa

ciente como la del injerto al año de haber sido trasplantado era similar en ambos grupos, siendo significativamente superior la viremia en el grupo de ciclosporina, por lo que no hay datos que apoyen que deban tratarse los pacientes trasplantados por VHC con ciclosporina frente a tacrolimus (*Berenguer M, et al. Liver traspl 2007*).

b) Triple terapia con esteroides + inhibidor de la calcineurina + micofenolato mofetil. Existen numerosos estudios que ponen de manifiesto que el empleo de esteroides asociados a Tacrolimus o ciclosporina y micofenolato mofetil durante un periodo mínimo de 6 meses consigue disminuir la incidencia de rechazo agudo precoz y tardio, de enfermedad linfoproliferativa, aumentando además la supervivencia del paciente y del injerto, independientemente de la etiologia (*Wiesner RH, et al. Am J Traspl 2006*).

c) Triple terapia con esteroides + Basiliximab (anticuerpo monoclonal anti-IL2) + inhibidor de la calcineurina (ciclosporina o Tacrolimus): destacamos el ensayo aleatorizado multicéntrico que comparó biterapia con esteroides + ciclosporina frente a triple terapia con esteroides +

ciclosporina + basiliximab redujo de forma estadísticamente significativa la incidencia de rechazo y gravedad, con buena tolerancia (*Neuhaus P, et al. Liver transpl 2002*).

d) Inmunosupresión de inducción sin esteroides: Generalmente se incluye una combinación basasa en inhibidor de la calcineurina (tacrolimus o ciclosporina) + micofenolato mofetil + anticuerpo antireceptor de la Il-2 (Basiliximab) o anticuerpo policlonal antilinfocitario. Destacamos el estudio comparativo con Daclizumab a dosis de 2 mg/kilogramo de peso administrado el dia del trasplante hepático y 1 mg/kg de peso en el día 7 post-trasplante + micofenolato mofetil 1 gramo cada 12 horas + tacrolimus (con objetivo al 1º mes de alcanzar los 5-15 ng/ml y posteriormente hasta los 6 meses unos niveles 4-8 ng/ml) se demostró que era superior a la combinación esteroides (20 mg/dia durante la 1º semana con reducción progresiva hasta suspender a los 3-6 meses, en potencia y seguridad, no presentando ningún caso de rechazo grave. Además no hubo diferencia en las tasas de superviviencia del paciente y del injerto, de complicaciones infecciosas, de HTA de novo e incidencia recidiva del VHC (*Otero A, et al. Am J Traspl 2004*). Los mismos resultados se dieron con triple terapia con azatioprina, ciclosporina y Basiliximab (*Lladó L, J Hepatol 2006*).

e) Inmunosupresión de inducción con suspensión precoz de esteroides: En un estudio se puso de manifiesto que la combinación un inhibidor de la calcineurina (Ciclosporina o tacrolimus) asociado a un antimetabolito (micofenolato mofetil + esteroides sólo hasta la 2° semana post-trasplante hepático no aumentaba la incidencia de rechazo ni disminuía la supervivencia. De hecho, el 81% de los sujetos sin esteroides no los había precisado posteriormente, presentando además una menor incidencia de diabetes y dislipemia asociada comparado con el grupo que mantuvo esteroides (*Stegall MD, et al. Hepatology 2007*).

f) Inmunosupresión de inducción nefroprotectora: en pacientes con insuficiencia renal pretrasplante la asociación de esteroides (prednisona 20 mg/24 horas) + micofenolato mofetil 1 gramo cada 12 horas + anticuerpo monoclonal frente al receptor de la IL-2 (Basiliximab) a dosis de 20 mg intravenoso diluido en 100 centímetros cúbicos de suero fisiológico a pasar en 30 minutos en las 6 primeras horas del ingreso y al 4° día post-trasplante, nos permite poder retrasar el inicio de los inhibidores de la calcineurina hacia 5°-7° dia de trasplante (Advagraf a dosis de 0,08 mg por kilogramo de peso cada 24 horas por via oral o por sonda nasogástrica a las 7:30 horas de la mañana, de forma que si el sujeto tiene 50 kg recibirá 4 mg/dia, si 60 kg 5 mg/dia, si 70 kg 6 mg al dia, si 80 kg 7 mg/dia y si tiene 90 o más kg de peso 8 mg/dia de Advagraf), intentando mantener los niveles plasmáticos de tacrolimus entre 8-10 ng/ml. Esto se corraboró en el estudio (*Cantarovich M, et al. Trasplantation 2002*).

La inmunosupresión de mantenimiento es que se mantiene pasado el primer trimestre post-trasplante y el objetivo es emplear la dosis menor posible del inhibidor de la calcineurina (tacrolimus o ciclosporina), existiendo una predilección mayor por el primero en la mayoría de los centros, por el mejor perfil de riesgo cardiovascular y los efectos estéticos de la ciclosporina tales como hiperplasia gingival o hirsutismo.

La monoterapia con un inhibidor de la calcineurina (tacrolimus o ciclosporina) generalmente es posible a partir del 3° mes, salvo en caso de que la etiologia sea autoinmune, en los que suele mantenerse dosis bajas de esteroides a ellos.

En pacientes con insuficiencia renal crónica post-trasplante, presente hasta en el 21% de los casos, puede ser util la combinación de inhibidores de la calcineurina a la menor dosis posible asociada a micofenolato mofetil (*Reich DJ, et al. Trasplantation 2005*). También en este caso es posible en pacientes con nefrotoxicidad crónica por inhibidores de la calcineurina, la combinación de Sirolimus + micofenolato mofetil (*Kniepeiss D, et al. Traspl Int 2003*).

También hay que tener en cuenta que el efecto antiproliferativo o antitumoral de Sirolimus o Everolimus lo hacen de elección cuando el trasplante hepático se realiza por hepatocarcinoma.

F.M. Jiménez

Capítulo 10: Manejo post-operatorio y complicaciones quirúrgicas en el trasplante hepático

Generalmente el 75% de las muertes post-trasplante tiene lugar durante los 2 primeros meses. La intervención del paciente trasplantado generalmente suele durar entre 6-10 horas, pasando posteriormente a ser monitorizado en la UCI, donde permanecerá durante los primeros 5-7 días, dependiendo de su evolución y finalmente suele pasar en torno a 3-4 semanas más en planta de hospitalización de Cirugia General.

El tubo orotraqueal suele retirarse entre las 12-72 horas, los cateteres intravasculares se retirarán en torno a las 72 horas, mientras que las sondas vesical y gástrica entre los 3-5 días, tardando aproximadamente entre 5-7 días en terminar de retirarse los drenajes intraabdominales. El tubo biliar es el que se retira más tarde (3-4 meses). Tedrá que permaneces en una habitación individual con medidas de aislamiento, siendo recomendable la visita de familiares como apoyo psicológico del paciente en momentos en que está sometido a severo stress post-quirúrgico.

Deberá ser sometido durante los primeros dias de forma exhaustiva a exploraciones físicas, monitorización hemodinámica, respiratoria y térmica, al principio horariamente. Se valorará el estado de conciencia, reflejos, respuesta verbal y al dolor. Deberán buscarse si hay puntos de sangrado en zona de insersión de catéteres, cantidad y aspecto de los drenajes, incluida pòr sonda vesical y nasogástrica, cantidad y calidad de la bilis y la coloración de piel y mucosas.

Se realizarán controles analíticos cada 6-12 horas en los primeros días, que incluirá: bioquimica básica, calcio amilasa, gasometria arterial, proteinograma, bioquimica hepática, lipídica, amoniemia, LDH, hemograma, coagulación (facto V, PDF, fibrinógeno). A esto le asociaremos control microbiológico con cultivos de orina, esputo, sangre y hongos, antigenemia para citomegalovirus, Zielh y cultivo de Lowestein en orina y esputo para descartar reactivación de tuberculosis, generalmente con control semanal, serologia virus herpes, virus Ebstein-Barr, Candida, Toxoplasma, VIH, VHB, VHC, aspergillus, legionella.

Los estudios radiológicos como radiografía de tórax(ritmo diario en 1° semana y cada 72 horas durante 2-4° semana posttrasplante), ecografia-doppler abdominal (dias 1,3 y 7, 15 y 30 post-trasplante), colangiografía transKehr (1° semana posttrasplante), TAC abdomen (1° mes) o TAC o RMN craneal.

Es fundamental monitorizar la tensión arterial, presión pulmonar, el gasto cardiaco y la presión venosa central. En pacientes cirróticos de etiologia alcohólicos, tras el trasplante hepático pueden presentar una insuficiencia cardiaca. Para cnseguir una adecuada perfusión del injerto se intentará mantener la tensión arterial por encima de los 100 mm Hg y una diuresis mayor de 0,5 mililitro por kilogramo de peso y hora. Para mantenerla, podremos usar perfusiones de dopamina, dobutamina y noradrenalina, generalmente la primera. En cuanto a la presión venosa central es recomendable que se mantenga por debajo de 10 cm de aguda.

La hipertensión arterial es relativamente frecuente y puede deberse a hipertensión previa, analgesia o ventilación inadecuada, fallo renal, hipervolemia o toxicidad por drogas, en especial ciclosporinemia. Generalmente se va a controlar con Nifedipino, captopril, labetalol, hidralazina, clonidina o nitroprusiato en caso de no responder.

Se debe evitar la hipoxemia, manteniendo una pO2 de 100 con una FiO2 por debajo de 0,5. Tras la retirada de la intubación, generalmente antes de las 72 horas, se colocará un ventimask o gafitas nasales con objeto de mantener una saturación de Oxígeno mayor del 90%. Como causas de la taquipnea tenemos: presencia de hipoxia, dolor, acidosis, infección, ansiedad o disfunción del injerto. Las complicaciones respiratorias más frecuentes son las atelectasias basales y el derrame pleural generalmente derecho. El síndrome hepatopulmonar que generaba en la fase pretrasplante disnea, generalmente se resuelve tras recibir el nuevo injerto. Los infiltrados pulmonares deben ser detectados precozmente con controles radiológicos, para poder tratar neumonías incipientes y edema pulmonar, aunque es frecuente, no es habitual un síndrome de distress respiratorio del adulto, que es caso de producirse suele asociarse a alta mortalidad.

Es frecuente en estos pacientes la hipotermia, por lo que se intentará mantener la temperatura corporal en torno a los 37°C, empleando mantas térmicas y calentando los líquidos que se vayan a infundir al paciente. Su no control puede llevar a generar trastornos plaquetarios, trastornos de ritmo cardiaco y predisposición a infecciones oportunistas.

La disfunción renal en post-operatorio inmediato es común, especialmente en pacinete con síndrome hepatorrenal o necrosis tubular, debido a los cambios hemodinámicos intraoperatorios y el empleo de inhibidores de la calcioneurina. La oliguria es habitual durante las primeras 72 horas, que generalmente se autolimita con la infusión de volumen y con dosis bajas de dopamina y empleando furosemida. Si no hubiera respuesta se recomienda reducir en lo posible los fármacos potencialmente nefrotóxicos, en especial la ciclosporina que se reduciría sus dosis y en ultima instancia, podriamos emplear la hemodiálisis.

En los paciente cirróticos que son trasplantados con hiponatremia, tras el trasplante se debe ser cuidadoso en no remontar los niveles de forma rápida, sino de forma gradual, con objeto de evitar complicaciones neurólogicas, en especial la mielosis pontina. Para ello, se recomienda una natremia en torno a 125-130 miliequivantes/litro. También es habitual encontrar una alcalosis metabólica, hipoclorémica e hipocaliemica, que se suele corregir satisfactoriamente con fluidoterapia + CLK. Sin embargo, cuando lo que ocurre es una acidosis hipercaliemica hay que tener en cuenta que podría tratarse de una disfunción primaria del injerto.

Trastornos hidroelectrólíticos como hipocalcemia, hipomagnesemia o hipofosforemia son frecuentes y deben corregirse. La hipocalcemia genera bradicardia y la hipomagnesemia suele asociarse a toxicidad neurológica por Ciclosporina. La hiperglucemia es habitual en estos pacientes, en especial en sujetos con antecedentes de diabetes mellitus, stress, uso de esteroides y ciclosporina, por ello deberemos monitorizarlos con Bmtest y con pauta de insulina protocolizada del hospital.

El nivel de consciencia lo suele recuperar el paciente en torno a las 6-12 horas post-trasplante y es un aspecto esencial que nos informa del buen funcionamente del injerto. En caso de no producirse, además de un posible fallo primario del mismo, tendremos que descartar lesiones cerebrales orgánicas producida generalmente por infecciones en el sistema nervioso central, hemorragias o infartos cerebrales. En ese caso solicitaremos una RMN o TAC craneal urgente. Puede aparecer en el post-operatorio ansiedad, depresión, alucinaciones que precisará empleo de psicotropos o ansiolíticos como Orfidal.

Debemos saber que pueden aparecer encefalopatia, así como convulsiones, que pueden tener su origen en situación de hipoxemia, metabólica o neurotóxica por inhibidores de la calcineurina (tacrolimus o ciclosporina), debiendose de descartar la presencia de hipercolesterolemia o hipomagnesemia secundaria a estos farmacos, que deberán ser corregidos. También son neurotóxicos fármacos como esteroides, OKT3 y azatioprina. Siempre una entrada en coma de un paciente con recuperación previa del nivel de conciencia, debe de descartarse infecciones o hemorragia cerebral. Tiene especial riesgo de complicaciones neurológicas en el post-operatorio aquellos paciente trasplantados por hepatitis fulminantes o subfulminantes, debido al riesgo de incremento de la presión intracraneal, que debe ser monitorizada. Si el paciente tuviera cefalea, esta si bien, podría ser secundaria a los inhibidores de la calcineurina o hipertensión arterial, no debemos olvidar que puede haber de base una meningitis o hemorragia intracraneal.

Debemos mantener el hematocrito en torno al 30%. Si un paciente se anemizara progresivamente, entre las causas posibles, tendremos una hemorragia interna, hemólisis, aplasia medular por fármacos o incluso una enfermedad de injerto contra huésped. La leucopenia menor de 2000 suele ser debida a lavado por politransfusión. Debemos tener precaución, en caso de emplearse la azatioprina. Es habitual la plaquetopenia entre 30000-60000 plaquetas, que en caso de no haber hemorragia activa no precisa de su corrección. Si nivel bajara a 20000 o menos sí sería recomendable transfundir al paciente plaquetas, en especial en paciente hipertensos, ante el riesgo potencial de hemorragias cerebrales. Debemos evitar maniobras invasivas o biopsias si el nivel de plaquetas es menor de 50000, y si son precisas habrá que hacerla en las 2 horas siguientes a la transfusión de plaquetas.

La alimentación enteral con sonda nasoyeyunal suele comenzarse entre los dias 3 y 5 del post-trasplante, que si la tolera bien, podemos pasar a via oral.

El aspecto del injerto es fundamental en el periodo inmediato, de forma que el injerto será de buena calidad si es blando, elástico, es perfundido de forma rápida y homogenea. Si, por el contrario, el injerto presenta una consistencia dura, con reperfusión irregular y de aspecto edematoso, podríamos estar ante un fallo primario del injerto. Otros datos favorables serán una producción de bilis adecuada, una corrección de la coagulopatía presente, la desaparición de la acidosis y tendencia a la hiperglucemia. Los signos de buena función hepática del injerto son, con diferencia el estadio de conciencia con despertar tras la anestesia y la producción biliar.

Un coma persistente puede indicar disfunción primaria del injerto o enclavamiento cerebral si la etiologia era por hepatitis fulminante. La presencia de una bilis espesa y bien coloreada es signo de buena función, así como la tendencia de normotermia y estabilización de la función renal. Una actividad de protrombina superior al 50% en los primeros días es buena señal.

Otros parámetros que debemos monitorizar estrechamente durante el post-operatorio inmediato son la bioquimica hepática. Generalmente se produce un pico de hipertransaminsemia de hasta 2000 U, que suele bajar progresivamente a lo largo de la primera semana, siendo habitual en 5° dia estar unas 2-4 veces por encima del limite superior de la normalidad, para normalizarse a partir del 8° dia. Una elevación mayor de transaminasas mayor de 5000 U indica lesión hepática severa (trombosis arterial, por ejemplo), lo que puede llevar a la pérdida del injerto. Las enzimas de colostasis

(GGT, fosfatasa alcalina y bilirrubina) pueden elevarse durante la 1° y 2° semanas post-trasplante. En caso de mantenerse elevadas, habrá que descartar la presencia de una estenosis biliar post-quirúrgica, una colostasis funcional o el inicio de un rechazo agudo. Para su descarte deberemos hacer colangiografias y biopsia hepática.

Para diferenciar entre una disfunción primaria del injerto, un rechazo agudo o una recidiva de una hepatitis es fundamental hacer uso de la biopsia hepática, que generalmente debe ser realizada en la 1° semana post-trasplante, a las 3° semana, a los 3 meses y al año de haberse sometido al trasplante hepático. Para poderla realizar de forma percutanea es necesario que el nivel de plaquetas sea mayor de 50000 y el TP mayor del 50%. En caso contrario se realizará por radiología intervencionista por via subclavia.

Para descartar las complicaciones de la vía biliar, se realizará una colangiografia trans-Kehr (generalmente realizada entre el 7° y 10° día post-trasplante), o si no existe tubo de Kehr se someterá al paciente a una colangiografia retrógrada endoscópica o CPRE. Si la reconstrucción empleada es una hepaticoyeyunostomia sin tutor biliar, la valoración biliar se realizará con una colangiografía trans-parietohepática.

La administración de calorias en el paciente trasplantado debe ser fundamentemente de origen hidrocarbonatado (70%), pero si existe hiperglucemia puede aumentarse la grasas (30-50%).Los protectores gástricos que se pueden usar son sucralfato (2 gramos cada 6 horas por sonda nasogástrica) o bien aquellos que no interfieren con la ciclosporina, tales como ranitidina 150 mg/12 horas (Ranitidina 50 mg intravenosa en 100 cc de suero fisiologico) o famotidina 20 mg cada 12 horas por via sublingual, pudiendose emplear también omeprazol 40 mg intravenoso diluido en 100 cc de suero fisiológico a pasar en 1 hora cada 12 horas.

Una vez corregidas los trastornos de la coagulación, se puede emplear de forma profilactica, heparina sódica fraccionada a dosis bajas (1 mg por kilogramo de peso y dia) o heparinas de bajo peso molecular (HBPM). En fases más avanzadas si el riesgo trombótico es alto se puede emplear la aspirina infantil y si estamos ante el diagnostico de síndrome de Budd-Chiari la anticoagulación será precisa.

El alivio del dolor en el post-trasplantado es fundamental y son recomendable para su control el empleo de petidina (dolantina iv) o paracetamol en caso de que la función hepática sea aceptable.

No deben emplearse los antiinflamatorios no esteroideos (AINES), por riesgo de gastritis erosiva y de insuficiencia renal. Se podrá emplear Remifentanilo con paso a Morfina 1 mg por hora en perfusión si no se controlara el dolor. En caso de ansiedad del paciente podremos emplear lorazepam o bromazepam. También pueden emplearse bolos de Midazolam de 2-5 mg intravenosos, si el paciente precisa sedación con el respirador.

En caso de rechazo refractario a esteroides, los inmunosupresores que deben emplearse son anticuerpos monoclonales (OKT3), globulinas policlonales como timoglobulina o antilinfociticos.

Pasamos ahora a tratar la disfunción primaria del injerto. Esta sintuación es una de la más graves y se caracteriza por un fallo inmediato del injerto con enzimas hepáticas muy elevada, producción de bilis escasa (menos de 50 cc en las primeras 24 horas) o nula, desarrollo de encefalopatia y coagulopatía desde las primeras horas del post-trasplante, sin existir en ningún caso problemas técnicos responsables del fallo. Su inicidencia suele estar comprendida entre el 2-10%. Entre las causas, destacan una edad mayor de 50 años; un estado hemodinámico del donante como hipotensión, hipoxia, el empleo de aminas vasoactivas, que haya podido llevar a una lesión isquémica del injerto o lesión de preservación; la presencia de esteatosis hepática en el donante, sobre todo cuando existe un grado de degeneración grasa del hígado mayor del 30% y si es de tipo macrovesicular. Si se emplearan lo ideal es que el tiempo de isquemia fria no supere las horas. Si hubiera dudas, lo recomendable es hacer una biopsia hepática para estudio histológico del injerto. Suele presentar un nivel de GOT mayor de 5000 U, un tiempo de protrombina mayor de 20 segundos, un factor de la coagulación V menor del 20%.

Es muy probable que estemos ante un fallo hepático primario si a las 12-18 horas del trasplante, el sujeto presenta un valor de GPT mayor de 5000 U, una fosfatasa alcalina mayor de 120 U, un factor V menor del 20% asociado a factor VIII menor del 60%. El color marrón dorado de la bilis es el adecuado y debe ser filante para que estemos ante un buen funcionamiento del injerto.

Si se sospecha lo adecuado es someter al paciente a una biopsias hepática por vías transyugular, por deterioro severo generalmente de la coagulación. Los hallazgos histológicos suelen ser la presencia de necrosis isquémica subcapsular, con preservación de las zonas más centrales. Clínicamente se caracteriza por el debut de fallo hepático agudo grave con encefalopatia, seguida de fallo multiorgánico. El deterioro suele ser irreversible a partir del 3° día posttrasplante. El tratamiento de elección en caso de producirse es el

retrasplante urgente, de forma que una vez establecido el diagnóstico, su caso deberá considerarse una Urgencia 0 (máxima urgencia).
En algunos casos en la espera de conseguir ese nuevo injerto, el
paciente puede recibir prostaglandinas I y E.

El síndrome colostásico inespecífico caracterizado por elevación severa de la bilirrubina a partir del 3º día. Histológicamente
presenta en la biopsia hepática una colestasis centrolobulillar, vacuolización de los hepatocitos, mínima hepatocitolisis focal,
proliferación ductal y siempre colangitis. El pico máximo de la
bilirrubina suele ocurrir a los 14 dias, comenzando generalmente a
descender a partir de entonces.La bilirrubina puede llegar hasta los
30 mg/dl, con buena función hepática y el volumen de drenaje biliar suele ser bajo (inferior a 20 cc diarios durante varios días),
mejorando su débito conforme comienza a bajar la bilirrubina. La
ictericia puede durar meses. Las transaminasas suelen ser normales.
El rechazo agudo suele elevarse primero las enzimas de colostasis
(bilirrubina, GGT y fosfatasa alcalina), pudiendose ele- varse las
transaminasas más tarde en grado leve. Es típica la leucocitosis y
eosinofilia, asociado a acidosis metabólica. Aunque el paciente
puede estar asintomático, no es infrecuente la presencia
de fiebre, dolor en hipocondrio derecho, ascitis o aumento de la

misma, deterioro de la función renal, encefalopatía, con disminución o cese de la producción de bilis y de su calidad, siendo de color más clara y menos viscosa. Es necesario que la sospecha clínica se corrabore con datos histológicos compatibles mediante una biopsia hepática transyugular.

La trombosis de la arteria hepática es la complicación vascular más frecuente y su tasa de incidencia puede ser de hasta un 17%. Suele producirse por un flujo arterial inadecuado, presencia de complicaciones en la anastomosis quirúrgica y resistencia al flujo, la presencia de una ateromatosis del tronco celiaco del receptor puede disminuir el flujo. Se produce una necrosis hepática fulminante y sepsis en el post-operatorio inmediato. Se produce clinicamente un rápido deterioro de la función hepática (elevación rápida de la GOT , caracterizado por descompensación hepática, sepsis, fiebre, coma, hipotensión y coagulopatía. Importante elevación de las transaminasas asociada a leucocitosis. Lo hemocultivos suelen ser positivos a enterobacterias. En radiografía de abdomen puede haber gas en la fosa hepática (gangrena hepática).

Otra forma de presentación de la trombosis de la arteria hepática es el desarrollo de abscesos hepáticos o biloma secundarios a la estenosis biliares intrahepáticas. Suelen tener, por ello, fiebre, hipertransaminasemia moderada y leucocitosis, debido a la presencia de abscesos intrahepáticos. También puede manifestarse afectando a la via biliar más distal, de ahí que sea frecuente la presencia de fugas biliares y colangitis si ocurre en la fase precoz y estenosis si en la fase tardía. En ésta ultima se producen colaterales. Si se sospecha debe ser sometido el paciente a una ecografía-doppler color, y confirmarlo con un angio-TAC o arteriografia selectiva.

Si el paciente presentara una necrosis hepática severa al sufrir la trombosis de la arteria hepática, se iniciará tratamiento con antibioticos y se incluirá en codico 0 para un retrasplante urgente. Si no es tan severo el caso puede realizarse una trombectomia, que generalmente se asociará a complicaciones biliares por isquemia. Si el cuadro evoluciona solo a una necrosis focal, podria ser sometido a un desbridamiento quirúrgico sin tocar la arteria. Las estenosis biliares secundarias podrian ser tratadas con dilatación percutánea o endoscópica (colocación de prótesis biliar). En la mayoría de los casos la presencia de un trombosis de la arteria hepática suele llevar a un retrasplante urgente (50-75%).

Otra de las complicaciones es la estenosis de la arteria hepática, próxima a la anastomosis quirúrgica. Puede llevar al desarrollo de una trombosis de la arteria hepática o simplemente a una disfun ción del injerto mantenida con posibles estenosis de la vía biliar secundarios. El diagnóstico de la estenosis de la arteria hepática se realiza por eco-doppler color, que pone de manifiesto uan velocidad focal aumentada (mayor de 2-3 m/segundo), con presencia de turbulencia distal a la estenosis, con patrón de flujo tardio y pobre intrahepático. Se confirmará con angio-TAC o arteriografía selectiva y el tratamiento será la angioplastia transluminal percutánea o reconstrucción quirúrgica, aunque si las lesiones son severas, tendríamos que plantearnos un retrasplante urgente.

La presencia de pseudoaneurismas y rotura de la arteria hepática es otra de las complicaciones post-quirúrgicas en el trasplante hepático, aunque muy infrecuentes. El pseudoaneurisma es fundamental diagnosticarlo precozmente, dado que precede a la rotura de la arteria hepática. Suele asociarse a la sepsis abdominal 2° a infección bacteriana o fúngica. Su presentación clinica en el 50% de los casos es una hemorragia por rotura de la misma. Aunque las opciones quirúrgicas están ahí, generalmente estos pacientes terminan en un retrasplante urgente.

La trombosis de la vena porta es menos frecuente que la trombosis de la arteria hepática con una incidencia máxima del 8%. Puede ocurrir en el post-operatorio inmediato o meses después, y su espectro clinico varía desde un fallo hepático fulminante a estar totalmente asintomático, aunque la presentación más frecuente son los signos de hipertensión portal (ascitis, esplenomegalia, hemorragida digestiva variceal). El diagnostico se puede hacer por ecografia doppler abdomen o angio-TAC. El tratamiento puede consistir en trombectomia o bien un injerto de la vena iliaca. Es necesario anticoagular al paciente. Si el diagnóstico es tardio, con presencia de varices esofagogastricas, el tratamiento será la realización de ligadura de varices, la realización de un shunt esplenorrenal distal o esplenectomia con devascularización esofago-gástrica.

La trombosis de la vena cava es muy infrecuente, pero cuando aparece tiene una alta mortalidad de hasta un 60%. Se caracterizad por una disfunción hepática con ascitis severa refractaria a diureticos. El diagnostico se realiza por ecografia-doppler, cavografia y angioTAC abdomen. La biopsia hepática mostrará colestasis inespecifica con necrosis centrolobulillar. La trombectomia suele ser complicada. En algunos centros se ha realizado una trombolisis con urokinasa con anticoagulación posterior. También se ha empleado una dilatación percutánea con balón, by-pass cava-cava y retrasplante si se trata de una recidiva de un Budd-Chiari.

Entre las complicaciones biliares tenemos la fistula biliar, que ocurre hasta en un 10% de los trasplantados. Si ocurre en el 1º mes suele ocurrir por deshiscencia anastomótica, mientras que al 3º o 4º mes ocurre al retirar el tubo en T. Puede asociarse a una elevación de los enzimas de colostasis y discreta leucocitosis. También puede debutar como una peritonitis biliar con abdomen muy doloroso. El diagnostico se realizará con colangiografía transKehr o bien una realización de CPRE si el drenaje se ha retirado. Muchas veces con antibioterapia y abrir el drenaje biliar la fuga se cerrará sin más. Si esto no ocurriera podemos realizar una papilotomía endoscópica. Si está asociado a un biloma, se podrá realizar un drenaje percutáneo. En otras ocasiones habrá que reintervenir quirúrgicamente al pacinete.

La obstrucción biliar puede ocurrir hasta en un 15%. Suele ser una complicación tardía de la fuga biliar, siendo la más frecuente la coledoco-yeyunal y se debe a complicaciones isquémicas.

F.M. Jiménez

Capítulo 11: Complicaciones infecciosas en el trasplante hepático

Realizar una profilaxis antiinfecciosa en el paciente trasplantado hepático es fundamental. De hecho, se sabe que un 66% de ellos van a sufrir al menos un episodio de infección grave en el periodo post-trasplante. El hecho de haber sido sometido a una intervención quirúrgica, compleja, con una duración de muchas horas, la necesidad de empleo de fármacos inmunosupresores, todo ello les predispone a un riesgo potencial muy elevado de contraer infecciones oportunistas. Uno de los problemas que existen es establecer un diagnóstico diferencial entre rechazo agudo y sobreinfección oportunista. La mayoría son de origen bacteriano (50-60%), seguidas de las víricas (20-40%), y menos frecuentes son las de origen fúngico (5-15%) o por protozoos (menos del 10%).

De ahí, la importancia de la quimioprofilaxis a la que sea sometido el paciente. Durante el primer mes son predominantes las infecciones bacterianas y fúngicas y en raras ocasiones el virus herpes. Virus como el citomegalovirus (CMV) suele aparecer pasado el 1° mes (entre la 4° y 6° semana post-trasplante). La infección por Pneumocistis Carinii es habitual a partir de la 8° semana. Las bacterias más frecuentemente implicadas con Gram + (Staphylococo aureus, Staphylococo coagulada negativo, Streptococo del grupo D) y Gram – (enterobacterias y pseudomona aureginosa) y algunos anaerobios.

La descontaminación intestinal selectiva puede realizarse con Norfloxacino 400 mg/24 horas por via oral desde que es incluido en lista activa hasta el 1° mes post-trasplante, suspendiendose en ese momento, pero reintroduciéndose en caso de reintervenciones abdominales, rechazo o tener que emplear antibioticos de amplio espectro.

Durante la inducción anestésica se administrará amoxicilina-clavulánico 2 gramos intravenosos + cefotaxima 2 gramos intravenosos. En caso de alergias a penicilinas, se empleará en su lugar vancomicina 1 gramo diluido en 100 cc. de suero fisiológico a pasar en 60 minutos + aztreonam 1 gramo intravenoso a pasar en 5 minutos, a las 6 horas d ela primera dosis. También es recomendable enjuagues con Clorhexidina oral cada 12 horas. Si la intervención durara más de 4 horas es recomendable administrar durante las proximas 48 horas (amoxi-clavulánico de 1 gramo cada 6 horas intravenosa + cefotaxima 1 gramo cada 8 horas intravenoso) o bien Clindamicina 600 mg cada 8 horas + aztreonam 1 gramo intravenoso cada 8 horas.

Si existiera alto riesgo quirúrgico de infecciones, tales como en el caso de complicaciones vasculares, biliares, hemorragia gastrointestinal, cirugía muy prolongada, anastomosis colédoco-yeyunal, etiologia de hepatitis fulminante, sospecha de infección prequirúrgica o estancia previa prolongada en hospital, el tratamiento antibiótico profiláctico deberia ampliarse hasta los 5 dias.

Si se va a manipular el Kehr o se va a someter a colangiografias, es recomendable administrar profilácticamente 1 gramo de Ceftriazona intravenosa 1 hora antes de dicha manipulación y sobre todo cuando éste vaya a ser retirado.

Como profilaxis de infecciones fúngicas es recomendable el empleo de Nistatina o Mycostatín 5 mililitros (50.000 U) por vía oral (enjuagar y tirar), o bien por sonda nasogástrica cada 8 horas desde la inclusión en lista de espera activa hasta 3 meses después del trasplante. En mujeres post-puber se le dará un ovulo vaginal. Es recomendable volverlo a administrar en caso de empleo de antibioticos de amplio espectro, inmunosupresores anti-rechazo o reintervención abdominal. En pacientes con alto riesgo, se recomienda emplear Fluconazol 200 mg intravenoso u oral cada 24 horas hasta resolver la situación o durante un mínimo de 1 mes. Se cnsideran de alto riesgo: la cirugia prolongada o complicada, rein tervenciones por laparotomía, retrasplante, ventilación mecánica prolongada, hepatitis fulminante, empleo de anticuerpo antirechazo mono o policlonales.

Para profilaxis del Pneumocistis Carinii, emplearemos tri-metroprim-sulfametoxazol (Septrim) 160/800 mg 1   comprimido por vía oral al día, 3 veces en semana (lunes, miércoles y viernes), tras las primeras 24 horas del post-trasplante, durante al menos 6 meses post-trasplante, pudiendose prolongar hasta los 12 meses en caso de necesidad de inmunosupresión anti-rechazo tardío. Si fuse alérgico a la sulfamida, emplearemos petamidina isetionato 4 mg por kilogramo de peso al mes o dapsona 100 mg cada 24 horas por vía oral.

Para la profilaxis de la infección por citomegalovirus (CMV), ganciclovir es un fármaco muy seguro y que elimina muy bien la infección por este virus. La dosis empleada es de 5-10 mg por kilogramo de peso y día por vía intravenosa durante 3 semanas en enfermos de bajo riesgo, mientras que se puede prolongar hasta 3 meses si el riesgo es elevado.

Suele realizar una profilaxis electiva/anticipada, basada en la determinación de la antigenemia CMV (antígeno tardío o pp65) o hibridación de ácidos nucleicos. Se emplea como punto de corte más de 6-7 células por cada 50000 leucocitos de sangre periférica.

Durante los 2 primeros meses se hará control de antigenemia de CMV semanal y en el el 3º mes de forma quincenal. Si la antigenemia fuese positiva se administraría ganciclovir a dosis de 5 mg por kilogramo y dia intravenoso diario durante 2 semanas. La monitorización se realizará con antigenemia 2 veces en semana y si al finalizar las 2 semanas la antigenemia sigue positiva, deberá completarse una semana más.

Si el paciente está sometido a tratamiento con OKT-3, se podrá administrar diariamente ganciclovir mientras esté recibiendo el anticuerpo monoclonal durante al menos 1 semana, pudiendo recibirlo hasta 3 meses post-trasplante, pero en lugar de diario, sólo se administraría 3 veces por semana.

Se considerará paciente con bajo riesgo de infección activa por citomegalovirus aquellos que el receptor y el donante tenían serologia negativa. Se empleará en ellos, terapia anticipada si se detecta antigenemia positiva. Deben ser transfundidos con derivados seronegativos para citomegalovirus, usar filtros y preservativos si su pareja es seropositiva para CMV.

Se considerará paciente con riesgo medio de infección por citomegalovirus, aquellos que el receptor del injerto tiene serologia CMV (+) y el donante es negativo o positivo. Al igual que en el caso anterior se daría terapia anticipada en caso de detectar antigenemia positiva.

Si el paciente es de riesgo alto, al ser el receptor del injerto seronegativo para citomegalovirus y el donante era portador, se deberá emplear ganciclovir a dosis bajas durante el ingreso post-quirúrgico más gammaglobulina específica anti-CMV a dosis bajas (100 mg por kilogramo de peso cada 2 semanas intravenosa), administrandose la primera dosis a las 72 horas del trasplante. Posteriormente se realizará la terapia anticipada en caso sólo de antigenemia positiva.

El ganciclovir es un fármaco potencialmente nefrotóxico y mielotóxico, de ahí, que debamos ajustar su dosificación al grado de insuficiencia renal en base al aclaramiento de creatinina del paciente y el grado de leucopenia.

Los microorganismos más frecuentemente implicados en las infecciones que afectan a un paciente trasplantado son las bacterias, fundamentalmente Staphiloco y gram negativos, virus, en especial citomegalovirus, hongos como Cándida y aspergillus y protozoos, destacando al pneumocistis carinii y toxoplasma gondii. En las etiologias como la insuficiencia hepática aguda grave o la cirrosis biliar primaria se ha descrito una mayor incidencias de infecciones comparado con otras causas.

Un tiempo mayor de isquemia fria, la necesidad mayor de empleo de hemoderivados, apertura de la luz intestinal, accesos intravasculares de larga duración, la necesidad de nutrición parenteral total, ventilación mecánica y reintubación, sondaje urinario permanente o existencia de hematomas intrabdominales son factores predisponentes a una mayor incidencia de infecciones oportunistas.

El empleo de esteroides predisponen a infecciones bacterianas, mientras que los anticuerpo monoclonales predisponen preferentemente a una mayor incidencia de infecciones virales, en especial a citomegalovirus. Las infecciones en el post-trasplante son distintas, dependiendo del periodo en el que nos encontremos. Así la Universidad de Massachussets divide 3 periodos, según el tipo de infección a la que está expuesto el paciente trasplantado:

a) Infecciones durante el post-trasplante hepático inmediato (1º mes post-trasplante): durante este periodo ocurren el 60% de todos los procesos infecciosos que afectan a un trasplantado, dado que es cuando es mayor la inmunosupresión y está próximo el acto quirúrgico. El origen suele ser intrabdominal, pulmonar o sepsis sin foco. Las infecciones más frecuentes son las producidas por bacterias y hongos. Más infrecuente, pero posible durante el 1º mes post-trasplante son la infecciones cutáneas por virus herpes simple. Durante este primer mes se pueden reactivar infecciones presentes en el receptor adquiridas previas al trasplante y se manifiestan rapidamente al recibir la inmunosupresión. Suelen ser de curso crónico y producidas por bacterias (tuberculosis), virus (hepatitis B y C, sobre todo la B, siendo más frecuente que la C que comienza a partir del 1° mes) y protozoos (strongiloides). En otras ocasiones son producidas por infecciones que portaba el injerto procedente del donante (bacterianas o víricas) o bien del medio donde estaba conservado el injerto (bacterianas). En otros casos se producen infecciones relacionadas con la presencia de complicaciones técnicas o terapéuticas, tales como neumonía, sepsis, infección de la orina, de la herida quirúrgica, infección intrabdominal y generalmente resistentes a mucho de los antibioticos empleados.

b) Periodo inmediato (entre 1° y 6° mes post-trasplante): suele ocurrir en tre el 20-30% de todas las infecciones. Destacan infecciones por virus, hongos y protozoos y menos frecuente las bacterianas, ya que comienza a reducirse las dosis y el número de fármacos inmunosupresores empleados. Se suelen producir por una enfermedad previa del paciente o debido al empleo de una inmunosupresión máxima frente a la inmunidad celular. Predominan infecciones virales como citomegalovirus, virus de Ebstein-Barr, adenovirus.

c) Periodo tardio (a partir del 6º mes post-trasplante): suele ocurrir entre 10-20% de los proceso infecciosos, producidos por citomegalovirus, virus hepatitis B y C, protozoos como pnsumocitos carinii, hongo como criptococo, legionella, listeria, nocardia. Se suele producir en pacientes con infección viral crónica, infecciones oportunistas (CMV, aspergillus, Nocardia) por rechazo cronico o uso de inmunosupresores.

Las infecciones bacterianas son producidas por bacilos gram negativos y Staphilococo aureus, de ahí la importancia de la descontaminación intestinal. Es necesaria la administración de antibioticos en el perioperatorio y la descontaminación intestinal selectiva. Suele presentarse en forma de bacteriemias por presencia de catéteres intravenosos. Otros posibles focos son el abdominal o urinario. En un 20% el foco no se conoce. Tras las bacteriemias, la siguiente infección en frecuencia es la de origen pulmonar, que suele presentarse durante el 1º mes psottrasplante. Tambien durante este periodo puede haber abscesos intraabdominales que cursan con bacteriemia en un 30%, estando implicados enterococo, bacilos gram negativos y anaerobios.

Las infecciones dérmicas suele aparecer a partir de la 3° semana post-trasplante, siendo la puerta de entrada la herida quirúrgica y son polimicrobianas (Staphylococo aureus y Enterococo faecium). Las infecciones bacterianas urinarias suelen ser producidas por bacilos gram negativos, en especial el enterococo faecium si está sondado vesicalmente.

No hay una mayor incidencias de infecciones en el sistema nervioso central. Generalmente la profilaxis empleada es vancomicina 1 gramo cada 12 horas durante los 5 primeros días del trasplante, lo que logra disminuir la mortalidad, siempre ajustada a la función renal y ciprofloxacino 200 mg cada 12 horas intravenosos durante los 5 primeros días post-trasplante, seguidos de 500 mg de ciprofloxacino oral diarios durante el 1° mes post-trasplante. A partir del 1° mes post-trasplante pueden aparecer infecciones bacterianas atípicas tales como Nocardia, listeria y legionella o micobacterias.

La infección por Nocardia asteroides es una infección oportunista como enfemedad supurativa pulmonar, que puede extenderse a pleura, pared torácica y otros tejidos como cerebro, tejido celular subcutáneo y riñones. Puede simular a una tuberculosis. Es conveniente, por ello, la realización de hemocultivos. También se puede evidenciar la presencia de bacilos gram negativos ramificados en esputo. En otras ocasiones hay que llegar a un diagnóstico, empleando técnicas diagnósticas invasivas como la fibrobroncoscopia, aspiración transtraqueal, punción transparietal o biopsia pulmonar. El tratamiento se realiza con sulfamidas. Para su profilaxis empleamos el sulfametoxazol-trimetopim durante los primeros 6 meses posttrasplante.

La infección por Listeria monocitogenes es responsable de menigitis y encefalitis en trasplantados hepáticos, y suele ocurrir durante el periodo comprendido entre el 1°-6° mes posttrasplante, en otras ocasiones como hepatitis o bacteriemias recurrentes. Debe aislarse en hemocultivos y en caso de meningitis debe aislarse en el líquido cefalorraquideo (punción lumbar y sangre).La reacción de Widal frente a antígenos O y H es poco útil por su baja sensibilidad y especificidad. La profilaxis con sufametoxazol-trimetoprim la hace menos frecuente. El tratamiento antibiótico de elección se basa en el uso de ampicilina 200-300 mg por kilogramo y dia o penicilina 300000 U por kilogramo de peso y día y en casos severos, es recomendable asociar gentamicina a dosis de 5 mg por kilogramo de peso y dia durante 1-1,5 mes.

La infección por Legionella se ha asociado al empleo de esteroides o infecciones nosocomiales asociadas a instalación de aire acondicionado. Suele aparecer a partir del 1° mes post-trasplante. Clínicamente el paciente presenta fiebre elevada, tos con expectoración escasa, mialgias, escalofrios, malestar general, trastornos digestivos y neurológicos. Típicamente suele presentar un infiltrado unilateral segmentario o lobar que afecta al lóbulo inferior, a varios lóbulos o de distribución difusa. En fase inicial puede tener infiltrados intersticiales. El diagnostico es por inmunofluorescencia directa o por cultivo de secreciones respiratorias o muestras pulmonares o inmunofluorescencia indirecta frente a antígenos polivalentes. Tratamiento con eritromicina a dosis de 2-4 gramos al dia durante 15 dias.

La infección por micobacterias tiene una incidencia mayor en pacientes trasplantados que en la población general. Suele evolucionar de forma subaguda o crónica. Suele tratarse de reactivaciones y deben realizar quimioprofilaxis con isoniazida en caso de Mantoux (+) durante 6 meses. Un mantoux negativo no te la descarta por la situación de anergia secundaria al tratamiento inmunosupresor. Puede manifestarse como tuberculosis miliar. Suele determinarse cultivo en orina, liquido peritoneal, lavado broncoalveolar y biopsia hepática. Se deben emplear 2 tuberculostaticos bactericidas como isoniacida a dosis de 300 mg al dia con rifampicina 600 mg al dia durante 12-18 meses, asociado durante los 3 primeros meses de terapia a Etambutol oral a dosis de 25 mg por kilogramo de peso y dia o estreptomicinaa dosis de 15 mg por kilogramo de peso y dia por vía intramuscular.

La infección por virus herpes simple se realiza con aciclovir a dosis de 5 mg por kilogramo de peso cada 8 horas durante 15 dias, mientra que el tratamiento del virus varicela-zoster se realiza también con aciclovir a dosi de 22,5 miligramos por kilo de peso cada 8 horas o famciclovir a dosis de 250 mg cada 8 horas.

La recidiva por virus de la hepatitis B se realiza con biopsia hepática con presencia de AgHBs a nivel hepatocitario como primera manifestación, detectandose entre la 2º y 5º semana post-trasplante. Como quimioprofilaxis se suele emplear gammaglobulina hiperinmune B (HBIG) durante al menos 1 año, con objetivo de mantener los titulos de antiHBs por encima de las 100 UI, reduciendo la recidiva hasta en un 30%.

Las infecciones por hongos como Candida y aspergillus suele ocurrir entre el 1º y 6º mes de post-trasplante. Las infección por candida se previene con el empleo de Nistatina a dosis de 500000 UI por via ora y óvulos vaginales en la mujer trasplantada 1 cada 12 horas durante el 1 mes de pòstrasplante, asociado a itraconazol 200 mg cada 8 horas por sonda nasogastrica si no tolera y si tolera por via oral 400 mg al dia durante el primer trimestre. La infección debe ser tratada con Anfotericina B intravenosa a dosis de 0,5-1 mg por kilogramo de peso al dia o anfotericina liposomal, sin olvidar tambien la utilidad de fluconazol a dosis de 200-400 mg al dia o itraconazol.

La aspergilosis pulmonar invasiva es la infección más frecuente de este hongo, generalmente producida cuando hay neutropenia. Las pruebas serológica suelen ser negativas y el diagnostico se hace con pruebas invasivas pulmonares. El tratamiento suele realizarse cn anfotericina B intravenosa a dosis de 1 miligramo por kilogramo de peso, o bien, con anfotericina liposomal a dosis de 3-5 mg por kilogramo de peso. La infección por Mucor también se trata con anfotericina B intravenosa y disminución de la inmunosupresión.

La infección por Crytococcus suele aparecer a partir del 6º mes del trasplante hepático. Es responsable de una meningitis aguda o crónica. El tratamiento se suele realizar con Anfotericina B intravenosa y como alternativa tenemos al fluconazol. Tiene una mortalidad muy elevada, pese al tratamiento, que puede llegar a alcanzar hasta el 60%. La infección por Coccidioides es rara y suele cursar como meningitis también, realizandose el tratamiento con Anfotericina B. La infección por Hystoplasma es también infrecuente y se puede manifestar con tos, fiebre, sudoración, hepatoesplenomegalia, anemia, leucopenia, trombopenia, insuficiencia renal o hepática. Suele tener una neumonitis en placa con nodulos circunscritos, infiltrados intersticiales y adenopatia hiliares. El tratamiento se realiza también con Anfotericina B intravenosa.

La incidencia de infecciones protozoarias ha disminuido desde que se hace profilaxis con trimetoprim-sulfametoxazol durante los 6 primeros meses de post-trasplante. Suele aparecer entre el 2º y 6º mes post-trasplante. El empleo de anticuerpos monoclonales OKT3 y la infección por CMV la predispone. La clinica suele basarse en tos, fiebre, polipnea, cianosis, tos seca y taquicardia. Los infiltrados pulmonares suelen ser tardíos. Tiene un patrón radiológico de infiltrado intersticial bilateral. Puede estar asociado a neumotórax. Estos paciente manifiestan precozmante hipoxemia y debe llevarnos a descartar esta infección. Se diagnostica con lavado broncoalveolar o biopsia pulmonar. Su tratamiento se basa en la combinación de trimetoprim 15 mg por kilogramo de peso y dia y de 75-100 mg por kilogramo de peso y dia de sulfametoxazol durante 21 dias, que en caso graves podria beneficiarse del uso de esteroides. Si con

F.M. Jiménez

este tratamiento no se produce una evolución clínica favorable, deberemos descartar la asociación con infección por CMV y tratarla.

Notas

Referencias

1. Klintmalm GB, Davis GL, Teperman L, et al. A randomized, multicenter study comparing steroid-free immunosuppression and standard immunosuppression for liver transplant recipients with chronic hepatitis C. Liver Transpl 2011; 17:1394.

2. Lladó L, Xiol X, Figueras J, et al. Immunosuppression without steroids in liver transplantation is safe and reduces infection and metabolic complications: results from a prospective multicenter randomized study. J Hepatol 2006; 44:710.

3. Eason JD, Nair S, Cohen AJ, et al. Steroid-free liver transplantation using rabbit antithymocyte globulin and early tacrolimus monotherapy. Transplantation 2003; 75:1396. 16. Marcos A, Eghtesad B, Fung JJ, et al. Use of alemtuzumab and tacrolimus monotherapy for cadaveric liver transplantation: with particular reference to hepatitis C virus. Transplantation 2004; 78:966.

4. Berenguer M, Aguilera V, Prieto M, et al. Significant improvement in the outcome of HCV-infected transplant recipients by

avoiding rapid steroid tapering and potent induction immunosuppression. J Hepatol 2006; 44:717.

5. Lladó L, Fabregat J, Castellote J, et al. Impact of immunosuppression without steroids on rejection and hepatitis C virus evolution after liver transplantation: results of a prospective randomized study. Liver Transpl 2008; 14:1752.

6. Manousou P, Cholongitas E, Samonakis D, et al. Reduced fibrosis in recurrent HCV with tacrolimus, azathioprine and steroids versus tacrolimus: randomised trial long term outcomes. Gut 2014; 63:1005.

7. Takada Y, Kaido T, Asonuma K, et al. Randomized, multicenter trial comparing tacrolimus plus mycophenolate mofetil to tacrolimus plus steroids in hepatitis C virus-positive recipients of living donor liver transplantation. Liver Transpl 2013; 19:896. 21. Sgourakis G, Radtke A, Fouzas I, et al. Corticosteroid-free immunosuppression in liver transplantation: a meta-analysis and meta-regression of outcomes. Transpl Int 2009; 22:892.

8. Washburn K, Speeg KV, Esterl R, et al. Steroid elimination 24 hours after liver transplantation using daclizumab, tacrolimus, and mycophenolate mofetil. Transplantation 2001; 72:1675. 23. Starzl

TE, Koep L, Porter KA, et al. Decline in survival after liver trans-plantation. Arch Surg 1980; 115:815.

9. U.S. Multicenter FK506 Liver Study Group. A comparison of tac-rolimus (FK 506) and cyclosporine for immunosuppression in liver transplantation. N Engl J Med 1994; 331:1110.

10. Vacca A, Felli MP, Farina AR, et al. Glucocorticoid receptor-mediated suppression of the interleukin 2 gene expression through impairment of the cooperativity between nuclear factor of activat-ed T cells and AP-1 enhancer elements. J Exp Med 1992; 175:637.

11. Ray A, LaForge KS, Sehgal PB. On the mechanism for efficient repression of the interleukin-6 promoter by glucocorticoids: en-hancer, TATA box, and RNA start site (Inr motif) occlusion. Mol Cell Biol 1990; 10:5736.

12. Verhoef CM, van Roon JA, Vianen ME, et al. The immune sup-pressive effect of dexamethasone in rheumatoid arthritis is accompanied by upregulation of interleukin 10 and by differential changes in interferon gamma and interleukin 4 production. Ann Rheum Dis 1999; 58:49.

13. Toniutto P, Fabris C, Fumolo E, et al. Prevalence and risk factors for delayed adrenal insufficiency after liver transplantation. Liver Transpl 2008; 14:1014.

14. Henry SD, Metselaar HJ, Van Dijck J, et al. Impact of steroids on hepatitis C virus replication in vivo and in vitro. Ann N Y Acad Sci 2007; 1110:439.

15. Kim SS, Peng LF, Lin W, et al. A cell-based, high-throughput screen for small molecule regulators of hepatitis C virus replication. Gastroenterology 2007; 132:311.

16. Fairfield C, Penninga L, Powell J, et al. Glucocorticosteroid-free versus glucocorticosteroid-containing immunosuppression for liver transplanted patients. Cochrane Database Syst Rev 2015; :CD007606.

17. Manns MP, Woynarowski M, Kreisel W, et al. Budesonide induces remission more effectively than prednisone in a controlled trial of patients with autoimmune hepatitis. Gastroenterology 2010; 139:1198.

18. Bhat M, Ghali P, Wong P, et al. Immunosuppression with budesonide for liver transplant recipients with severe infections. Liver Transpl 2012; 18:262.

19. Lake JR. Immunosuppression and outcomes of patients transplanted for hepatitis C. J Hepatol 2006; 44:627. 12. Vivarelli M, Burra P, La Barba G, et al. Influence of steroids on HCV recurrence after liver transplantation: A prospective study. J Hepatol 2007; 47:793.

20. Cescon M, Cucchetti A, Ravaioli M, Pinna AD. Hepatocellular carcinoma locoregional therapies for patients in the waiting list. Impact on transplantability and recurrence rate. J Hepatol. 2013;58:609-18.

21. Martin AP, Goldstein RM, Dempster J, Netto GJ, Katabi N, Derrick HC, et al. Radiofrequency thermal ablation of hepatocellular carcinoma before liver transplantation--a clinical and histological examination. Clin Transpl. 2006;20:695-705.

22. Pompili M, Mirante VG, Rondinara G, Fassati LR, Piscaglia F, Agnes S, et al. Percutaneous ablation procedures in cirrhotic patients with hepatocellular carcinoma submitted to liver transplantation: Assessment of efficacy at explant analysis and of safety for tumor recurrence. Liver Transpl. 2005;11:1117-26.

23. DuBay DA, Sandroussi Ch, Kachura JR, Sing HC, Beecroft JR, Vollmer CM, et al. Radiofrequency ablation of hepatocellular car-

cinoma as a bridge to liver transplantation. HPB (Oxford).

2011;13:24-32.